CAEP 中国环境规划政策绿皮书

中国生态环境PPP发展报告2019

China's Report on Eco-Environmental Public-Private Partnership 2019

赵云皓　杨剑敏　夏颖哲　等/编著

中国环境出版集团·北京

图书在版编目（CIP）数据

中国生态环境 PPP 发展报告. 2019/赵云皓等编著. —北京：中国环境出版集团，2020.12
（中国环境规划政策绿皮书）
ISBN 978-7-5111-4583-3

Ⅰ. ①中… Ⅱ. ①赵… Ⅲ. ①政府投资—合作—社会资本—应用—生态环境建设—研究—中国 Ⅳ. ①X321.2

中国版本图书馆 CIP 数据核字（2020）第 263567 号

出 版 人　武德凯
责任编辑　葛　莉
文字编辑　解亚鑫
责任校对　任　丽
封面设计　彭　杉

出版发行　中国环境出版集团
（100062　北京市东城区广渠门内大街 16 号）
网　　址：http://www.cesp.com.cn
电子邮箱：bjgl@cesp.com.cn
联系电话：010-67112765（编辑管理部）
发行热线：010-67125803，010-67113405（传真）
印　　刷　北京建宏印刷有限公司
经　　销　各地新华书店
版　　次　2020 年 12 月第 1 版
印　　次　2020 年 12 月第 1 次印刷
开　　本　787×1092　1/16
印　　张　8
字　　数　110 千字
定　　价　56.00 元

《中国环境规划政策绿皮书》编委会

《中国生态环境 PPP 发展报告 2019》
编 委 会

前 言

环境保护是我国的一项基本国策，是政府基本公共服务的重要构成部分，也是推进政府和社会资本合作（Public-Private Partnership，PPP）的重要领域之一。2018 年 5 月，习近平总书记在全国生态环境保护大会上指出，要充分运用市场化手段，完善资源环境价格机制，采取多种方式支持政府和社会资本合作项目。在生态环境领域实施 PPP 是深化投融资体制改革、实现生态环境多元共治的重要举措，有利于全面提升生态环境公共产品与服务的供给质量与效率、盘活存量资产、拓宽环保投融资渠道，是打好污染防治攻坚战、推进生态环境保护的必要保障，对推动实现生态环境保护目标和绿色发展目标具有重要而深远的意义。

生态环境部环境规划院环境 PPP 中心联合财政部政府和社会资本合作中心，在《中国生态环境 PPP 发展报告（2018）》的基础上，对生态环境 PPP 入库项目以及 PPP 政策文件进行统计分析与实施跟踪，系统评估了生态环境 PPP 最新进展情况，分析了实施成效，并研判了未来发展趋势，形成《中国生态环境 PPP 发展报告 2019》，使之成为社会各界了解和研究我国生态环境 PPP 进展与相关政策的参考书，通过分享和交流，助推我国生态环境 PPP 的研究与决策。

本书共分 6 章。第 1 章由辛璐、李文杰、谢方舟编写，第 2 章由徐志杰、陈鹏、吴昺兵、杜晓霏编写，第 3 章由王志凯、陶亚、高军、张戈编写，第4章由卢静、谢方舟、徐顺青编写，第5章由赵云皓、宋玲玲、刘双柳、王佳宁编写，第6章由卢静、赵云皓、谢方舟编写，全书由赵云皓、卢静统稿。

在本书编写过程中，得到了生态环境部科技与财务司等管理部门领导的悉心指导，得到了生态环境部环境规划院环境PPP中心专家委员会专家、财政部PPP入库专家的鼎力帮助，也得到了生态环境部环境规划院陆军书记、王金南院长、严刚副院长，以及财政部政府和社会资本合作中心焦小平主任等领导的大力支持，在此表示衷心的感谢！

希望本书的出版会对财政、生态环境等有关政府部门管理人员，从事生态环境PPP研究的专家学者，以及有关专业的研究生提供参考。由于编写人员的能力水平有限，以及资料占有的局限性，报告的一些结论不可避免会存在争议，希望诸位同仁多加探讨交流，恳请广大读者批评指正！

本书编委会

2020年3月21日

执行摘要

生态环境保护是我国推行政府和社会资本合作（PPP）模式的重点领域。在对生态环境 PPP 项目充分调研，以及对政策实施跟踪的基础上，本研究系统分析了全国生态环境 PPP 项目入库情况、市场交易情况与实施效益情况，研判了生态环境 PPP 发展趋势。主要结论如下：

2019 年，优化营商环境、规范运行管理仍是 PPP 政策制定与实施的重点。发布优化营商环境相关政策，全面清理政府采购领域妨碍公平竞争的规定和做法，从制度层面为 PPP 实施提供了更为有力的保障和支撑。印发 PPP 规范发展的实施意见及相关规范，提出“规范运行、严格监管、公开透明、诚信履约”的总体要求，严格划定政府支出责任红线，建立与项目产出绩效相挂钩的付费机制，优化 PPP 项目全生命周期的操作流程。鼓励在污水处理、固体废物处理处置、耕地污染治理修复、农村环境治理、园区综合治理等生态环境治理领域规范运用 PPP 模式，积极探索投资回报机制。

PPP 项目入库情况表明，受防范金融风险、PPP 项目入库合规性审查等政策影响，2019 年入库项目数量和投资规模继续呈下降趋势。与 2018 年相比，2019 年入库项目数量和投资规模分别下降了 67.5%和 64.9%。入库项目中，综合治理、污水处理、垃圾处理等细分领域投资规模与项目数量占比较高。华东地区、华中地区、西南地区生态环境 PPP

入库项目较多，区域分布不均衡现象明显。生态环境 PPP 入库项目的运作方式主要为 BOT 模式，投资回报机制以可行性缺口补助和政府付费为主，使用者付费比例较低。

从市场交易情况看，截至 2019 年年底，生态环境 PPP 项目整体交易率为 52.82%，相比 2018 年年底的 39.74%提升了约 13%。综合治理 PPP 项目投资规模占投资总额的 56.64%，污水处理（含排水）PPP 项目投资规模占投资总额的 25.42%。从中标牵头单位企业性质来看，国有企业和民营企业投资规模分别占总成交规模的 64.90%和 30.95%。在成交项目投资规模中，20 亿元以下的项目数量占成交项目总数的 93.07%。其中，小于 5 亿元的项目数量占成交项目总数的 63.80%。

从实施成效看，推行 PPP 模式有效解决了污染防治攻坚任务重与环保资金投入不足的突出矛盾，对城市黑臭水体治理、渤海综合治理、长江保护修复、农业农村污染治理等行动计划的实施起到了重要的推动作用。生态环境 PPP 项目的落地实施，加快了我国生态环境治理进程，尤其在市政环境基础设施建设和环境综合治理领域。PPP 模式的应用进一步促进形成了政府、市场主体、金融机构等多元化的生态环境治理体系，使政府和社会资本互补优势更加明显，助力化解地方政府债务风险，培育综合性专业化环保企业，推动区域经济绿色发展。采用国民收入法测算，2015—2019 年新增生态环境 PPP 项目总投资为 1.09 万亿元，对 GDP 直接贡献率为 0.26%。

未来，PPP 将仍有广阔的发展前景。随着国家规范推进 PPP 项目实施，PPP 模式将逐步回归初心，充分发挥提升公共产品与服务供给质量和效率的作用。推进政府职能转变和深化“放管服”改革，提高招投标公开透明度和规范化水平，完善 PPP 制度实施规范，为 PPP 发展营造良好的政策和市场环境。建立科学合理的绩效考核指标体系，实施有效的按效付费机制，将成为生态环境 PPP 管理的重点。在公共服务市场化改革的大趋势下，PPP 模式与各类财政资金相结合、与开发性金融等多种投融资模式组合并用将成为推进生态环境治理的新趋势。运用 PPP 模式，探索环境治理模式创新，推动实现环境治理与产业经济融合，将助推生态环境价值实现，践行“绿水青山就是金山银山”的理念。PPP 作为我国生态环境基础设施建设的主要模式，将在加快推进生态环境治理体系和治理能力现代化进程中继续发挥重要作用。

Executive Summary

Ecological environment protection is the key area of promoting the Public-Private Partnership（PPP） model in China. Based on a large number of investigations on the ecological environment PPP projects and policy implementation tracking，we systematically analyzed the warehousing situation，market transaction situation and implementation benefit of the national ecological environment PPP projects，studied and judged the development trend of the ecological environment PPP. The main conclusions are as follows:

In 2019，optimizing business environment and standardizing operation management are still the key points of PPP policy. Promulgate the first administrative regulation on government investment management，and clarify the fields of government investment funds. Issue relevant regulations and notices on optimizing business environment，provide more powerful guarantee and support for optimizing business environment from the system level，and comprehensively clean up the regulations and practices that hinder fair competition in the field of government procurement. Print and distribute the implementation opinions and relevant specifications of PPP standardized development，put forward the overall requirements of "standardized operation，strict supervision，openness and transparency，and good faith performance"，strictly limit the red line of government expenditure responsibility，establish a payment mechanism linked to project output performance，and optimize the operation process of PPP throughout its life cycle. Encourage the standardized use of PPP mode and actively explore the investment return mechanism in the fields of ecological environment governance such as sewage treatment，solid waste treatment and disposal, pollution control and restoration of cultivated land, rural environment treatment, and park comprehensive treatment.

The warehousing situation shows that under the influence of the policies such as preventing financial risks and reviewing the compliance of PPP warehousing, the number of warehousing projects and investment scale continue to show an obvious downward trend in 2019. Compared with that in 2018, the number of warehousing projects and investment scale in 2019 decreased by 67.5% and 64.9% respectively. Among the warehousing projects, the investment scale and the number of projects in the subdivided fields such as comprehensive treatment, sewage disposal and garbage treatment account for the highest proportion. In east China, central China and southwest China, there are many ecological environment PPP warehousing projects, and the regional distribution is obviously unbalanced. The operation mode of ecological environment PPP warehousing projects is mainly BOT, and the investment return mechanism is mainly based on the feasibility gap subsidy and government payment with lower user payment proportion.

From the perspective of market transactions, by the end of 2019, the overall landing rate of ecological environment PPP projects was 52.82%, which increased by nearly 13% compared with the 39.74% at the end of 2018. The investment scale of PPP projects for comprehensive treatment accounted for 56.64% of the total investment, and sewage treatment (including drainage) projects accounted for 25.42%. From the perspective of the nature of the leading units and enterprises winning the bidding, the investment scale of state-owned enterprises and private enterprises accounted for 64.90% and 30.95% of the total transaction scale respectively. In the investment scale of the closed projects of the ecological environment PPP projects, the number of projects less than 2 billion yuan accounted for 93.07% of the total amount of closed projects. Among them, the number of projects less than 500 million yuan accounted for 63.80% of the total number of closed projects.

Judging from the implementation results, the implementation of PPP mode has effectively solved the outstanding contradiction between the heavy task of pollution prevention and control and insufficient capital investment, and will play an important role in promoting the implementation of action plans such as urban black and smelly water treatment, comprehensive management of Bohai area, protection and restoration of Yangtze River, and pollution control in agricultural and rural areas. The implementation of ecological environment PPP projects has accelerated the process of ecological environment management in China, especially in the fields of municipal environmental infrastructure construction and comprehensive environmental management. The application of PPP mode has further promoted the formation of a multi-subject ecological environment governance system of government, market and society, making the complementary advantages of government and social capital more significant, helping to resolve the local government debts, cultivating comprehensive and specialized enterprises, and promoting the leapfrog development of environmental protection industry. According to the national income method, the total investment in the new ecological environment PPP projects from 2015 to 2019 is 1.09 trillion yuan, with a direct contribution rate of 0.26% to GDP.

In the future, PPP will continue to move forward. As the nation standardizes and promotes the implementation of PPP projects, the role of PPP mode will gradually bear its founding mission in mind, giving full play to its role of improving the supply quality and efficiency of public products and services. With the transformation of government functions and the in-depth reform of streamlining administration and delegating power to the lower levels, exercising better supervision over the market, and providing efficient services to business, the transparency and standardization of bidding have been promoted, and the PPP implementation system has been improved, thereby creating a favorable policy and market environment for PPP mode development PPP mode will become the main method for implementing the infrastructure projects to strengthen weak respects such as ecological and environmental protection. We will attach importance to operation maintenance and its performance assessment. By establishing a scientific and reasonable performance assessment index system, and implementing an effective pay-for-performance mechanism, performance management will become the focus of PPP management of ecological environment. In the general trend of market-oriented reform of public services, various combination modes of investment and financing such as the combination of PPP mode with different financial funds and the combination of PPP mode with development-oriented finance will become a new tendency of promoting ecological environment governance. We will explore the innovation of environmental governance mode, promote the integration of environmental governance and industrial economy, and eventually boost the realization of ecological environmental value by carrying out PPP mode.

目录

目录

1 生态环境 PPP 政策分析

1.1 国家层面 PPP 相关政策

为推进政府和社会资本合作（Public-Private Partnership，PPP），加强 PPP 的推广、规范和指导，2013 年以来，中共中央、国务院及相关部委陆续出台一系列 PPP 政策文件。

1.1.1 规范推进 PPP 项目

促进 PPP 实施发展。党的十八届三中全会要求全面深化改革，提出允许社会资本通过特许经营等方式参与城市基础设施投资和运营，鼓励社会资本投向农村以及公共文化服务、生态环境保护等领域。《国务院关于创新重点领域投融资机制　鼓励社会投资的指导意见》（国发〔2014〕60 号）提出，在重点领域推进政府和社会资本合作，并明确了部门分工，及其政策文件出台的时间节点。《关于在公共服务领域推广政府和社会资本合作模式的指导意见》（国办发〔2015〕42 号）将 PPP 的适用范围从基础设施领域扩展至公共服务领域。财政部、国家发展改革委等 11

个部门积极推进PPP各项政策的制定与实施，包括通过“以奖代补”方式促进PPP示范项目加快实施、设立中国PPP基金、鼓励运用PPP模式盘活基础设施存量资产、鼓励PPP项目进行资产证券化、鼓励符合发行条件的PPP项目发行专项债券、鼓励保险资金投资符合要求的PPP项目等。《关于保持基础设施领域补短板力度的指导意见》（国办发〔2018〕101号）鼓励地方依法合规采用PPP等方式，撬动社会资本特别是民间资本投入补短板重大项目。2019年11月，国务院发布的《关于加强固定资产投资项目资本金管理的通知》（国发〔2019〕26号），对适当降低项目资本金比例和加强投资项目资本金管理提出一系列政策措施，提出适当下调基础设施项目最低资本金比例的建议。

强化PPP项目操作流程管理。为了保证基础设施和公共服务领域PPP项目实施质量，进一步规范项目各环节操作流程，财政部、国家发展改革委先后印发了PPP模式操作指南、合同指南、政府采购管理办法、财政承受能力指引、工作导则等一系列规范性文件，对PPP实施流程、采购流程、合同管理、预算管理等环节进行了进一步规范。2019年12月，财政部印发了《政府会计准则第10号——政府和社会资本合作项目合同》（财会〔2019〕23号），规范了政府方对政府和社会资本合作项目合同的确认、计量和相关信息的列报，提高了会计信息质量。此外，2019年，《政府和社会资本合作（PPP）项目绩效管理操作指引（征求意见稿）》和《政府和社会资本合作模式操作指南（修订稿）》相继公布，将进一步推进PPP规范发展，优化PPP项目全生命周期的操作流程。

拓展和升级信息平台功能。2015年，财政部开发搭建了政府和社会资本合作综合信息平台，包括项目库、专家库、机构库和资料库等四大核心应用数据库，发挥了项目管理、交易撮合、信息服务三大功能，提升了PPP管理透明度，并建立了“能进能出”的动态管理机制和黑名单制度，主动接受服务对象和社会各界的监督，促进 PPP 项目咨询服务质量的提升，推动咨询服务市场秩序的建立。2020 年 2 月，全国 PPP 综合信息平台（新平台）上线运行，利用区块链、人工智能、大数据等最新信息技术成果，扩展了平台架构和功能，提高了信息校验度和准确性，增强了智能监管和大数据计算分析能力，进一步提高了 PPP 项目监管、服务和信息披露能力，促进了 PPP 高质量发展。

防范 PPP 实施风险。2017 年以来，党中央、国务院要求将防风险放在突出重要位置，推动金融去杠杆。强化地方债务管理、规范地方政府融资行为、推动地方融资平台转型，成为 PPP 规范管理的主线。财政部、国家发展改革委等部门出台了一系列政策，严禁地方政府通过 PPP、政府投资基金等方式违规变相举债。《关于规范政府和社会资本合作（PPP）综合信息平台项目库管理的通知》（财办金〔2017〕92 号）强调，以 PPP 综合信息平台为抓手，严格规范 PPP 新项目入库标准，集中清理已入库不合规项目。

为进一步规范政府付费类 PPP 项目绩效管理，2019 年 3 月，财政部印发的《关于推进政府和社会资本合作规范发展的实施意见》（财金〔2019〕10 号），提出“规范运行、严格监管、公开透明、诚信履约”PPP 规范发展的总体要求，规定了规范的 PPP 项目应当符合的六项条件，并对新上政府付费类项目提出，除了污水、垃圾处理等依照“收支两条线”管理、表现为政府付费形式的 PPP 项目外，财政支出责任占比从 10% 降至 5%，超出 5%的地区不得新上政府付费类项目。同时指出，要建立完全与项目产出绩效相挂钩的付费机制，不得通过降低考核标准等方式提前锁定、固化政府支出责任。此外，各部门针对中央企业 PPP 业务风险管控、规范金融企业对地方政府和国有企业投融资行为、防范外债风险和地方债务风险、规范金融机构资产业务管理等方面制定了多项政策，进一步加强PPP项目规范管理，防范和化解风险。

1.1.2 优化PPP营商环境

出台首部针对优化营商环境的法规。2019年10月，国务院发布的《优化营商环境条例》（国务院令 第722号），从制度层面为优化营商环境提供更为有力的保障和支撑。该条例共7章72条，对“放管服”改革的关键环节制定了基本规范，重点围绕强化保护市场主体、净化市场环境、优化政务服务、规范监管执法、加强法制保障5个方面，明确了一揽子制度性解决方案。一是针对市场准入和市场退出问题，明确了通过深化商事制度改革、推进证照分离改革、压缩企业开办时间、持续放宽市场准入条件等措施，为市场主体进入市场和开展经营活动破除障碍；二是实施减税降费政策，明确各地区、各部门应当严格落实国家各项减税降费政策，确保减税降费政策全面、及时惠及市场主体，并对设立涉企收费做出严格限制，切实降低市场主体的经营成本；三是针对长久以来困扰民营企业“融资难、融资贵”问题，提出鼓励和支持金融机构加大对民营企业和中小企业的支持力度、降低民营企业和中小企业综合融资成本，不得对民营企业和中小企业设置歧视性要求。对于以民营企业为主的环保产业而言，优化营商环境将促进市场公平，更好地激发民营企业的创新活力，从而使行业步入持续发展的轨道。

推进建设项目审批制度改革。2019年3月，国务院办公厅发布的《关于全面开展工程建设项目审批制度改革的实施意见》（国办发〔2019〕11号），对工程建设项目审批制度实施全流程、全覆盖改革，要求统一审批流程、统一信息数据平台、统一审批管理体系、统一监管方式，实现工程建设项目审批“四统一”，提出到2019年上半年全国工程建设项目审批时间压缩至120个工作日以内，省（自治区）和地级及以上城市初步建成工程建设项目审批制度框架和信息数据平台。到 2019 年年底工程建设项目审批管理系统与相关系统平台实现互联互通。到 2020 年年底，基本建成全国统一的工程建设项目审批和管理体系。试点地区要继续深化改革，加大改革创新力度，进一步精简审批环节和事项，压减审批时间，加强辅导服务，提高审批效能。

推动信用信息公开和共享。2019 年 4 月，国务院公布了修订后的《政府信息公开条例》（国务院令　第 711 号），进一步扩大了政府信息主动公开的范围和深度，坚持“公开为常态、不公开为例外”的原则，凡是能主动公开的一律主动公开。2019 年 7 月，国务院办公厅印发的《关于加快推进社会信用体系建设　构建以信用为基础的新型监管机制的指导意见》（国办发〔2019〕35 号），提出以加强信用监管为着力点，创新监管理念、监管制度和监管方式，建立健全贯穿市场主体的全生命周期，衔接事前、事中、事后全监管环节的新型监管机制，强化信用监管的支撑保障，大力推进信用监管信息公开公示，做到“应公开、尽公开”，充分发挥“互联网+”、大数据对信用监管的支撑作用。2019 年 9 月，国务院发布《关于加强和规范事中事后监管的指导意见》（国发〔2019〕18 号），提出要加快构建权责明确、公平公正、公开透明、简约高效的事中事后监管体系，形成市场自律、政府监管、社会监督互为支撑的协同监管格局。依托国家“互联网+监管”系统，联通汇聚全国信用信息共享平台、国家企业信用信息公示系统等重要监管平台数据，以及各级政府部门、社会投诉举报、第三方平台等数据，加强监管信息归集共享，将政府履职过程中形成的行政检查、行政处罚、行政强制等信息以及司法判决、违法失信、抽查抽检等信息进行关联整合，并归集到相关市场主体名下。2019 年，国家发展改革委办公厅发布了《关于推送并应用市场主体公共信用综合评价结果的通知》（发改办财金〔2019〕885 号），对全国3 300万家市场主体开展了第一期公共信用综合评价，并将评价结果纳入地方信用信息平台。

促进政府采购公平竞争。2019年7月，财政部印发《关于促进政府采购公平竞争　优化营商环境的通知》（财库〔2019〕38号），全面清理政府采购领域妨碍公平竞争的规定和做法，重点清理和纠正10个问题，包括供应商的所有制形式、组织形式或者股权结构；对供应商实施差别待遇或者歧视待遇；对民营企业设置不平等条款；对内资企业和外资企业在中国境内生产的产品、提供的服务区别对待；除小额零星采购适用的协议供货、定点采购以及财政部另有规定的情形外，通过入围方式设置备选库、名录库、资格库作为参与政府采购活动的资格条件；妨碍供应商进入政府采购市场等。促进政府采购领域公平竞争、优化营商环境。

大力推进减税降费降成本。减税降费是2019年积极财政政策的头等大事，是减轻企业负担、激发市场活力的重大举措。2019年3月，财政部、国家税务总局、海关总署发布的《关于深化增值税改革有关政策的公告》（财政部　税务总局　海关总署公告　2019年第39号）提出，从4月1日起，我国制造业等行业增值税税率将由16%降至13%，交通运输业和建筑业等行业增值税税率将由10%降至9%。2019年5月，国家发展改革委等4部门发布的《关于做好2019年降成本重点工作的通知》（发改运行〔2019〕819号）提出，围绕继续推动大规模减税和降费、加大金融对实体经济的支持力度、持续降低制度性交易成本、明显减轻企业社保缴费负担、继续降低用能用地成本、推进物流降本增效、提高资金周转效率、支持企业内部挖潜等八大重点工作，细化成27项重点任务，直指实体企业痛点、难点。2019年6月，住房和城乡建设部、国家发展改革委、财政部、人社部、中国人民银行、银保监会6部门联合印发《关于加快推进房屋建筑和市政基础设施工程实行工程担保制度的指导意见》（建市〔2019〕68 号），意见要求分类实施工程担保制度，推行工程保函代替保证金，并大力推行投标担保。

2019 年 9 月，国务院印发的《实施更大规模减税降费后调整中央与地方收入划分改革推进方案》（国发〔2019〕21 号），提出保持增值税“五五分享”比例稳定、调整完善增值税留抵退税分担机制和后移消费税征收环节并稳步下划地方三大举措，进一步理顺中央与地方财政分配关系。随后，财政部、国家税务总局、中国人民银行联合发布了《关于调整完善增值税留抵退税地方分担机制及预算管理有关事项的通知》（财预〔2019〕205 号），通知明确自 2019 年 9 月 1 日起，增值税留抵退税地方分担的 50%部分，15%由企业所在地分担，35%由各地按增值税分享额占地方分享总额比重分担，该比重由财政部根据上年各地实际分享增值税收入情况计算确定。

扶持民营企业发展。改革开放 40 多年来，民营企业在推动发展、促进创新、增加就业、改善民生和扩大开放等方面发挥了不可替代的作用。为贯彻落实习近平总书记在民营企业座谈会上的重要讲话精神，支持服务民营企业绿色发展、打好污染防治攻坚战，2019 年 1 月，生态环境部、全国工商联发布了《关于支持服务民营企业绿色发展的意见》（环综合〔2019〕6 号），意见提出鼓励民营企业积极参与污染防治攻坚战，帮助民营企业解决环境治理困难，提高绿色发展能力，营造公平竞争市场环境，提升服务保障水平，完善经济政策措施，形成支持服务民营企业绿色发展长效机制。2019 年 2 月，中共中央办公厅、国务院办公厅印发了《关于加强金融服务民营企业的若干意见》（中办发〔2019〕6 号），意见聚焦金融机构对民营企业“不敢贷、不愿贷、不能贷”的问题，要求积极支持民营企业融资纾困，着力化解流动性风险并切实维护企业合法权益，从实际出发帮助遭遇风险事件的企业摆脱困境，加快清理拖欠民营企业的账款，企业要主动创造有利于融资的条件。

2019 年 7 月，财政部、科学技术部、工业和信息化部、中国人民银行和银保监会 5 部门联合印发《关于开展财政支持深化民营和小微企业金融服务综合改革试点城市工作的通知》（财金〔2019〕62 号），支持地方因地制宜打造各具特色的金融服务综合改革试点城市，探索改善民营和小微企业金融服务的有效模式，从 2019 年起，中央财政通过普惠金融发展专项资金每年安排约 20 亿元资金，东部地区、中部地区、西部地区每个试点城市的奖励标准分别为 3 000 万元、4 000 万元、5 000 万元。2019 年 12 月，中共中央、国务院发布的《关于营造更好发展环境支持民营企业改革发展的意见》，提出了一系列有分量的政策措施，力求为民营企业营造更好的发展环境。这是立足于民营企业改革发展的首个中央文件。

1.2 生态环境领域 PPP 政策

实施 PPP 模式是提高生态环境公共服务供给质量与效率的重要途径，是构建政府为主导、企业为主体、社会组织和公众共同参与的环境治理体系的重要内容。习近平总书记在生态环境保护大会上提出，充分运用市场化手段，完善资源环境价格机制，采取多种方式支持政府和社会资本合作项目。规范实施 PPP 模式是打好污染防治攻坚战的重要保障，也是提高资金使用效率的关键。生态环境 PPP 主要政策文件发布时间轴见图 1-1。

2015 年 4 月，财政部、环境保护部印发的《关于推进水污染防治领域政府和社会资本合作的实施意见》（财建〔2015〕90 号），针对水污染防治领域 PPP 特征，从范围界定、盈利机制、市场环境建设、资金支持、融资支持、绩效评价、咨询服务等方面，系统、全面、精准地呈现水污染防治领域 PPP 实施路线图。

2015 年 7 月，财政部、环境保护部联合印发的《水污染防治专项资金管理办法》（财建〔2015〕226 号），确定了水污染防治专项资金对采用 PPP 模式的项目予以倾斜支持。

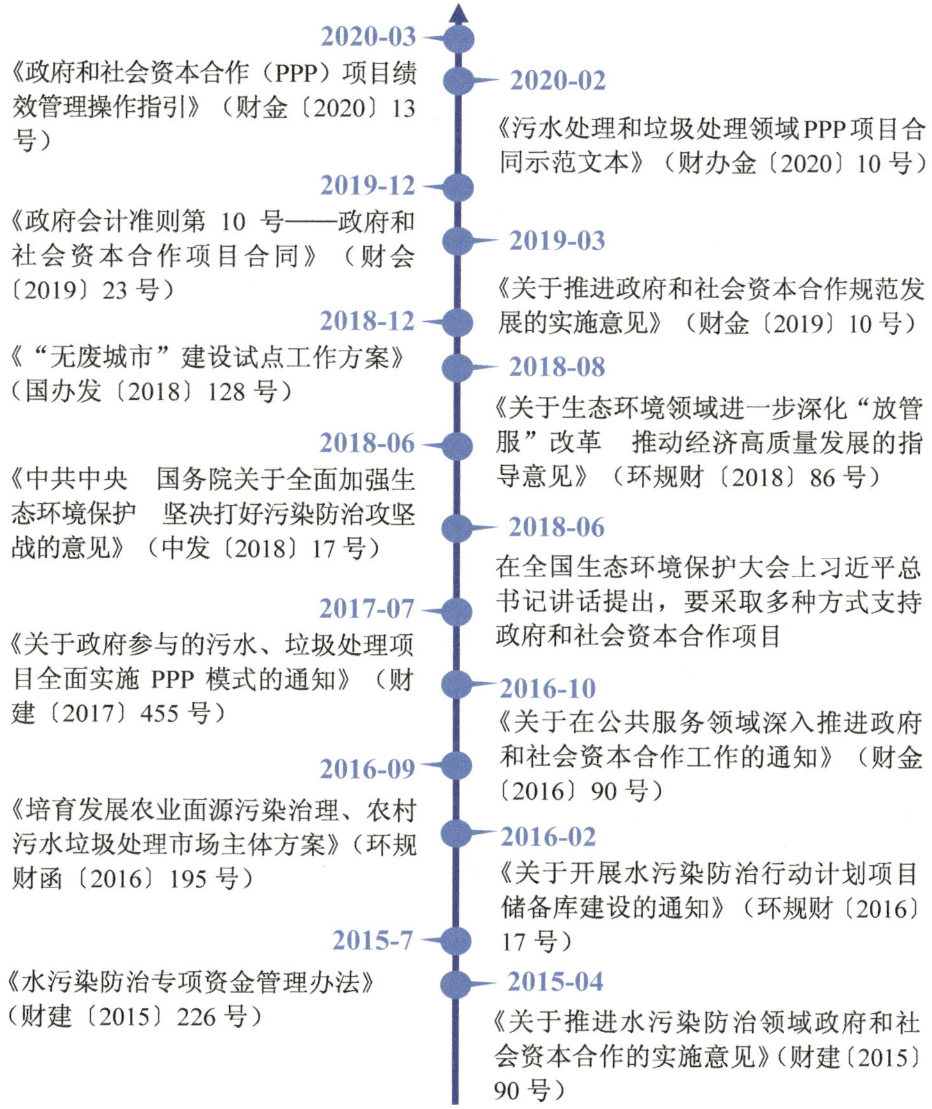

图 1-1　生态环境 PPP 主要政策文件发布时间轴

2016 年 2 月，环境保护部、财政部联合印发的《关于开展水污染防治行动计划项目储备库建设的通知》（环规财〔2016〕17 号），鼓励入库项目积极创新投融资机制、遵循市场原则，积极引入社会资本，通过 PPP 等模式推动重大项目建设。

2016 年 4 月，环境保护部印发的《关于积极发挥环境保护作用　促进供给侧结构性改革的指导意见》（环大气〔2016〕45 号），提出中央财政专项资金、国家专项建设基金、开发性金融资金、中央拨付的各类环保资金等将优先支持环境保护 PPP 项目的实施。

2016 年 9 月，环境保护部、农业部和住房和城乡建设部联合发布的《培育发展农业面源污染治理、农村污水垃圾处理市场主体方案》（环规财函〔2016〕195 号），提出鼓励有条件的地区开展整县（区）或区域一体化农业农村环境治理 PPP 项目。

2016 年 10 月，财政部印发的《关于在公共服务领域深入推进政府和社会资本合作工作的通知》（财金〔2016〕90 号），提出在垃圾处理、污水处理等公共服务领域，各地新建项目要“强制”应用 PPP 模式，中央财政将逐步减少并取消专项建设资金补助。

2017 年 7 月，财政部、住房和城乡建设部、农业部和环境保护部联合发布的《关于政府参与的污水、垃圾处理项目全面实施 PPP 模式的通知》（财建〔2017〕455 号），提出符合全面实施 PPP 模式条件的各类污水、垃圾处理项目，政府参与的途径仅限于 PPP 模式，有序推进存量项目转型为 PPP 模式。

2018 年 8 月，生态环境部印发的《关于生态环境领域进一步深化“放管服”改革　推动经济高质量发展的指导意见》（环规财〔2018〕86 号），提出规范生态环境领域 PPP 模式，加快出台《关于打好污染防治攻坚战推进生态环境领域政府和社会资本合作的实施意见》，采取多种方式支持对实现污染防治攻坚战目标支撑作用强、生态环境效益显著的 PPP 项目。

2018 年 12 月，国务院办公厅印发的《“无废城市”建设试点工作方案》(国办发〔2018〕128 号)，提出鼓励专业化第三方机构从事固体废物资源化利用、环境污染治理与咨询服务，打造一批固体废物资源化利用骨干企业。以政府为责任主体，推动固体废物收集、利用与处置工程项目和设施建设运行，在不增加地方政府债务的前提下，依法合规探索采用第三方治理或 PPP 等模式，实现与社会资本风险共担、收益共享。

2019 年 1 月，生态环境部、全国工商联发布的《关于支持服务民营企业绿色发展的意见》(环综合〔2019〕6 号)，提出积极推动生态环境领域 PPP 模式，鼓励建立生态环境领域 PPP 项目和政府、国有企业环境治理项目第三方担保支付平台，推动地方政府、国有企业依法严格履约，防止拖欠民营企业环保工程款。在项目环境影响评价管理过程中，对各类企业主体公平对待、统一要求，营造公平的市场发展环境。

2019 年 3 月，财政部印发的《关于推进政府和社会资本合作规范发展的实施意见》(财金〔2019〕10 号)要求，财政支出责任占比超过 5%的地区，不得新上政府付费项目。按照“实质重于形式”原则，污水处理、垃圾处理等依照“收支两条线”管理，表现为政府付费形式的 PPP 项目除外。

2019 年 4 月，农业农村部办公厅、生态环境部办公厅联合发布的《关于进一步做好受污染耕地安全利用工作的通知》(农办科〔2019〕13 号)中提出，要充分发挥财政资金的引导功能，创新资金筹集方式，完善多元化投融资机制，因地制宜探索通过政府购买服务、第三方治理、PPP、事后补贴等形式，吸引社会资本主动投资参与耕地污染治理修复工作，建立健全耕地污染治理修复社会化服务体系。

2019 年 6 月，财政部发布的《城市管网及污水处理补助资金管理办法》（财建〔2019〕288 号）提到，根据绩效评价结果，对每批次综合评价排名靠前及应用 PPP 模式效果突出的，按照定额补助总额的 10% 给予奖励。

2019 年 7 月，国家发展改革委办公厅、生态环境部办公厅印发的《关于深入推进园区环境污染第三方治理的通知》（发改办环资〔2019〕785 号），提出在京津冀及周边地区、长江经济带、粤港澳大湾区范围内的园区推行环境污染第三方治理（以下简称第三方治理）。通过开展园区第三方治理，引导社会资本积极参与，建立按效付费、第三方治理、政府监管、社会监督的新机制；创新治理模式，规范处理处置方式，增强处理能力，实现园区环境质量持续改善。

2019 年 9 月，生态环境部印发的《关于进一步深化生态环境监管服务推动经济高质量发展的意见》（环综合〔2019〕74 号），提出进一步规范生态环境领域 PPP 项目的储备和建设，以中央环保投资项目储备库入库项目为重点，强化对污染防治攻坚战任务的支撑，打破地域壁垒，清理招投标等环节设置的不合理限制，对各类企业主体公平对待、统一要求，防止不合理低价中标。

2019 年 9 月，生态环境部等部门联合出台的《京津冀及周边地区 2019—2020 年秋冬季大气污染综合治理攻坚行动方案》（环大气〔2019〕88 号），提出支持依法合规开展大气污染防治领域的 PPP 项目建设。

2019 年 10 月，国家发展改革委、财政部印发的《关于深化农村公共基础设施管护体制改革的指导意见》（发改农经〔2019〕1645 号），提出规范运用 PPP 模式，努力开拓市场化筹资渠道。建立市场化、专业化管护制度，对于农村公路、供水、垃圾污水处理等设施，可探索通过出让冠名权、广告权等方式，引入专业化企业进行管护。支持有条件的地方政府将城乡基础设施项目整体打包，实行一体化开发建设管护。

2 生态环境 PPP 入库项目分析

2.1 入库项目总体情况

结合全国 PPP 综合信息平台项目管理库分类方法，本报告筛选了涉及生态环境治理的二级行业共有 7 类，分别为污水处理（包括污水管网）、垃圾发电、垃圾处理、生物质能、湿地保护、综合治理及其他。截至 2019 年年底，全国生态环境 PPP 入库项目数量达 3 196 个，占全国 PPP 入库项目总数量的 33.86%，投资规模达 1.97 万亿元，占全国入库项目总投资规模的 13.68%。从入库项目发起时间来看，项目数量和投资规模均为 2017 年最多。

受防范金融风险、PPP 项目入库合规性审查等政策影响，2017 年后，入库项目数量和投资规模均呈现明显的下降趋势。为防范化解地方政府隐性债务风险，2019 年 3 月，财政部出台《关于推进政府和社会资本合作规范发展的实施意见》（财金〔2019〕10 号），意见要求审慎新上政府付费项目，划定 5%、7%和 10%多条红线、风险线。这对以政府付费为主的生态环境 PPP 项目的规划与实施影响较大。与 2018 年相比，2019

年 PPP 入库项目数量和投资规模分别下降了 67.5%和 64.9%（图 2-1）。

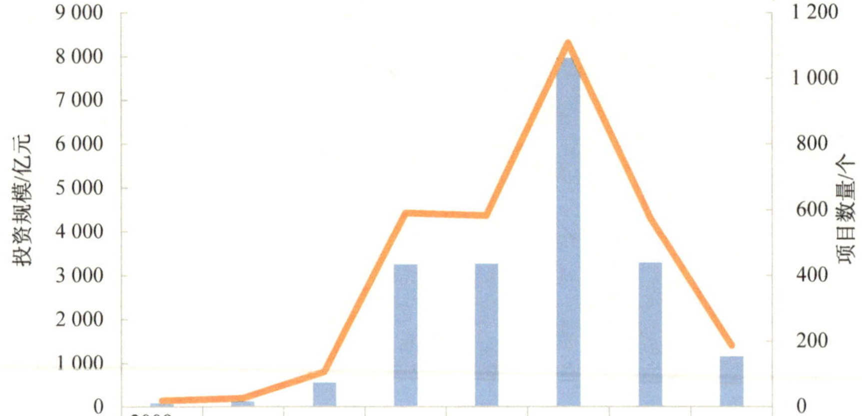

	2009—2012	2013	2014	2015	2016	2017	2018	2019
投资规模	83.47	114.79	550.2	3243.42	3258.20	7957.29	3289.37	1154.09
项目数量	19	26	107	591	583	1108	575	187

图 2-1　不同发起时间入库项目数量与投资规模

2.2 示范项目情况

截至 2019 年年底，在全国生态环境 PPP 入库项目中，国家级示范项目达到 276 个，占比 8.6%，其中第一批次 9 个，第二批次 46 个，第三批次 114 个，第四批次 107 个。投资规模 2 338.32 亿元，占比 11.8%。示范项目中，污水处理项目数量最多，占比达到 37.3%，其次分别为综合治理项目、垃圾处理项目、垃圾发电项目、其他项目、湿地保护项目和生物质能项目。综合治理项目投资规模最大，占比达到 50.2%，污水处理项目和垃圾处理项目次之。示范项目的推出，为规范实施生态环境 PPP 提供了借鉴参考（图 2-2）。

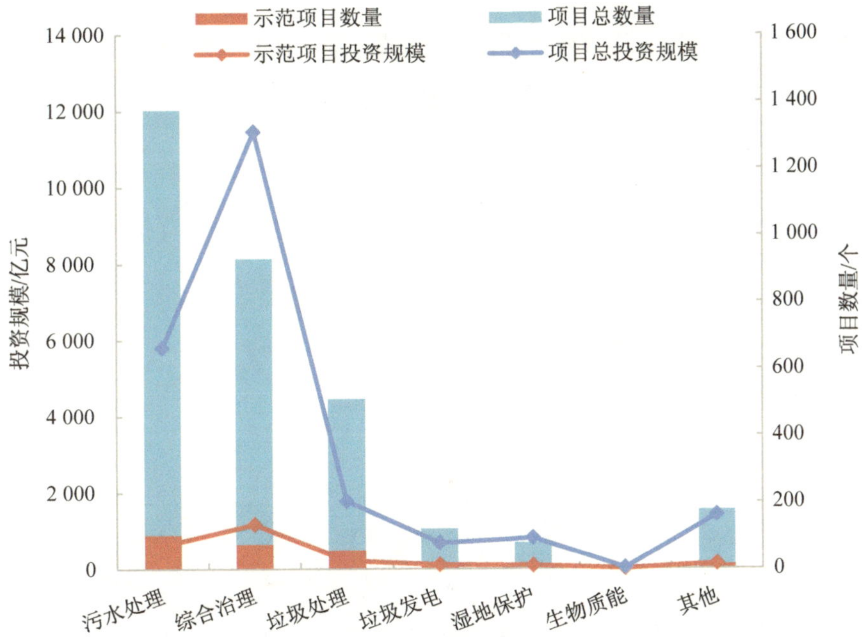

图 2-2　示范项目数量及投资规模

2.3　细分领域分析

从项目数量来看，污水处理项目最多，达到 1 374 个，占比达到 42.99%；其次为综合治理项目，数量为 930 个，占比达到 29.10%；垃圾处理项目、垃圾发电项目数量分别为 510 个、121 个；湿地保护项目、生物质能项目较少，均低于 100 个。

从投资规模来看，综合治理项目投资规模最大，高达 10 288.69 亿元，占生态环境 PPP 入库项目总投资规模的 52.36%，综合治理项目通常包括河道整治、污水处理新改建、生态修复等多类型建设内容，资金体量普遍偏大；其次为污水处理项目，投资规模为 5 180.56 亿元，占生态环境 PPP 入库项目总投资规模的 26.36%；垃圾处理、湿地保护、垃圾发电、生物质能以及其他项目投资总规模为 4 181.57 亿元，占生态环境 PPP 入库项目总投资规模的 21.28%（图 2-3）。

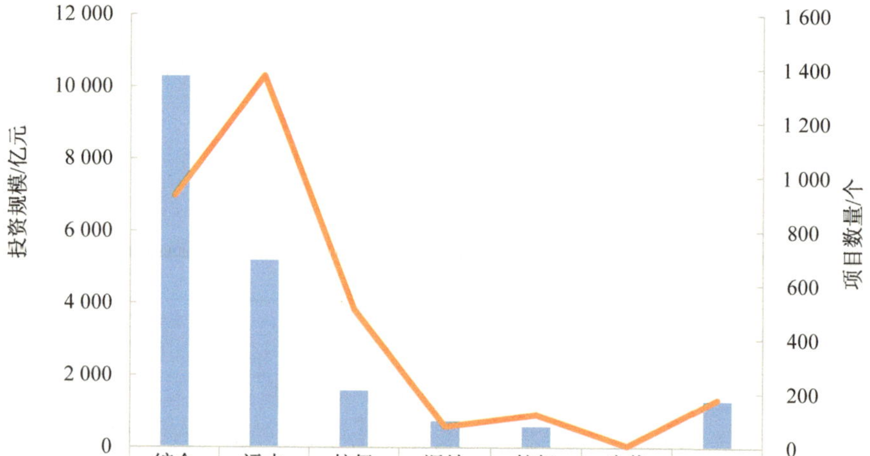

	综合治理	污水处理	垃圾处理	湿地保护	垃圾发电	生物质能	其他
投资规模	10288.69	5180.56	1567.61	725.72	579.03	18.98	1290.23
项目数量	930	1374	510	78	121	6	177

图 2-3　入库项目细分领域分布

2.4　区域布局分析

2.4.1　总体布局

生态环境 PPP 入库项目的区域分布不均衡现象仍然比较突出。从项目数量来看，华东地区、华中地区、西南地区项目数量较多，占比分别为 26.35%、19.87%、15.84%；华南地区、华北地区项目数量相对较少，占比分别为 12.64%和 12.46%；西北地区、东北地区项目数量最少，占比分别为 8.04%和 4.79%。其投资规模分布规律与项目数量分布规律基本一致，华东地区、华中地区、西南地区 PPP 项目投资规模较大，占比分别为 26.74%、23.87%、17.63%；华北地区、华南地区投资规模相对较少，分别占比 10.75%和 9.50%；西北地区、东北地区投资规模占比最小，分别为 5.95%和 5.56%。总体来看，生态环境 PPP 项目入库情况与所在地区财政支付能力和公共服务发展水平基本呈正相关关系（图 2-4）。

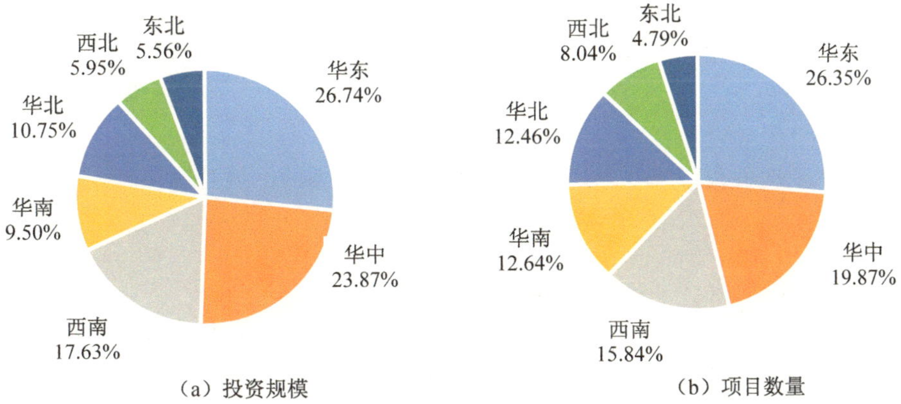

图 2-4　入库项目数量和投资规模的区域分布

在省份分布上，总投资规模超过 1 000 亿元的省份有河南、湖北、广东、四川、山东、贵州、安徽 7 个省（图 2-5），项目总投资规模达到 9 834.33 亿元，占生态环境 PPP 项目总投资规模的 50.05%，7 个省项目数量总和达到 1 527 个，占项目总数量的 47.78%。单个项目投资规模比较结果显示，吉林省项目平均投资规模较大，投资规模均值达到 15.33 亿元/个，其次是云南省、重庆市、湖北省，分别为 10.49 亿元/个、9.32 亿元/个、8.63 亿元/个。

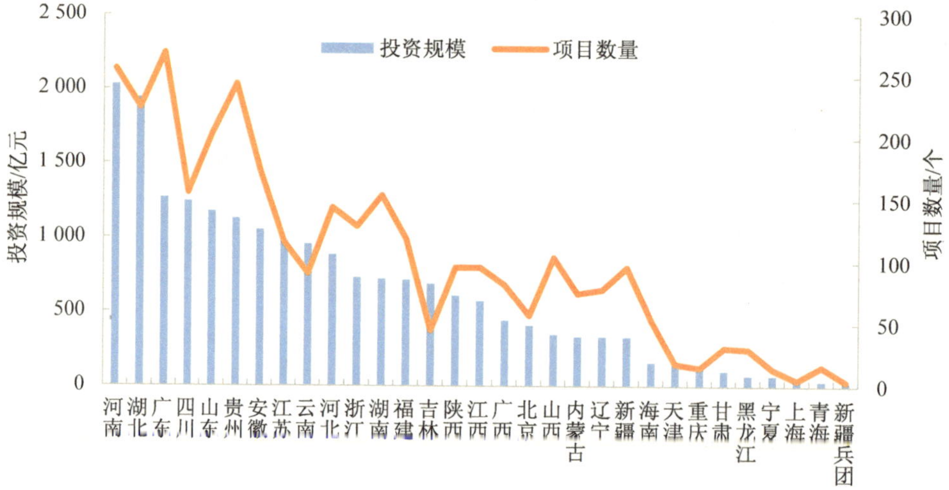

图 2-5　入库项目数量和投资规模的区域分布

2.4.2 长江经济带

长江经济带包含上海、江苏、浙江、安徽、江西、湖北、湖南、重庆、四川、云南、贵州 11 个省（市）。长江经济带地区生态环境 PPP 入库项目数量共计 1 404 个，投资规模达到 9 494.27 亿元，分别占全国生态环境 PPP 入库项目数量和投资规模的 43.93%和 48.31%。长江经济带的 11 个省（市）中，贵州省入库项目数量最多，共计 244 个，达到长江经济带地区入库项目总数量的 17.38%，湖北省和安徽省入库项目数量次之，分别为 225 个和 173 个。四川省、湖南省、浙江省和江苏省数量均超过 100 个（图 2-6）。

从入库时间来看，2009—2015 年，项目数量和投资规模呈现明显上升趋势。2017 年，《长江经济带生态环境保护规划》颁布实施，当年入库项目及投资规模最多，占比分别达到 35.2%和 40.5%。2017 年以后，受财政及 PPP 政策收紧影响，入库项目数量和投资规模均呈明显的下降趋势（图 2-7）。

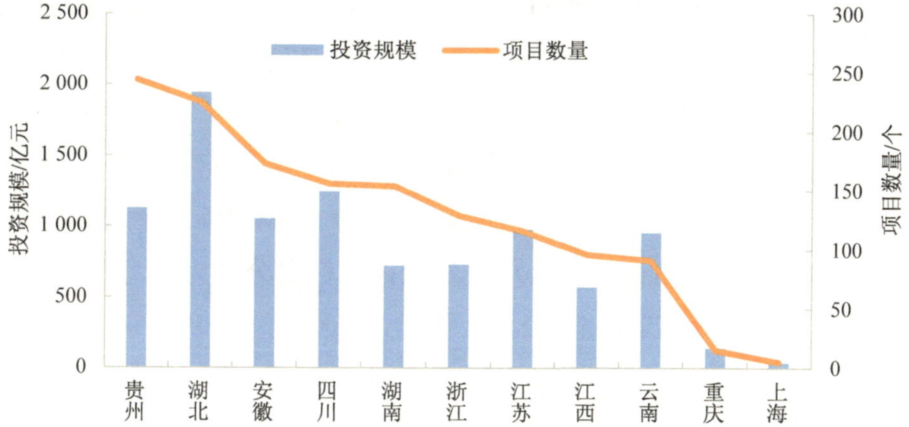

图 2-6　长江经济带地区入库项目数量和投资规模分布

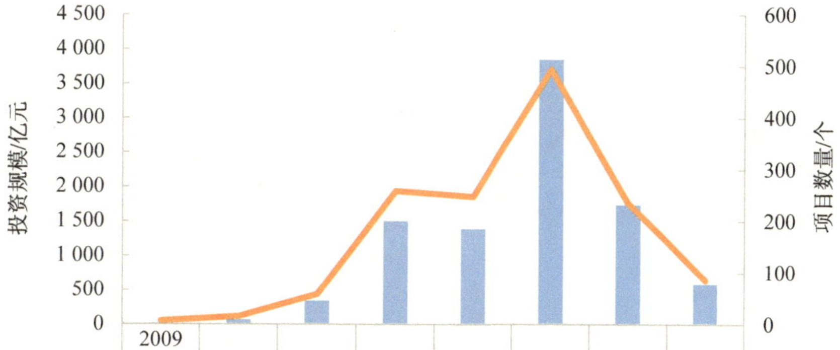

	2009—2012	2013	2014	2015	2016	2017	2018	2019
投资规模	19.83	65.54	343.51	1503.25	1391.17	3846.94	1734.09	586.94
项目数量	7	16	59	259	248	494	235	86

图 2-7　长江经济带地区入库项目发起时间分布

2.4.3 黄河流域

黄河流域覆盖青海、四川、甘肃、宁夏、内蒙古、陕西、山西、河南、山东等 9 个省（区）。黄河流域地区生态环境 PPP 入库项目数量共计 952 个，投资规模达到 5 941.42 亿元，分别占全国生态环境 PPP 入库项目数量和投资规模的 29.8%和 30.2%。在 9 个省（区）中，项目数量前三名分别为河南省（256 个，占比 26.9%）、山东省（204 个，占比 21.4%）和四川省（156 个，占比 16.4%）。投资规模前三名分别为河南省（2 028.4 亿元，占比 34.1%）、四川省（1 244.2 亿元，占比 20.9%）和山东省（1 174.0 亿元，占比 19.8%）。山西省项目数量为 104 个，陕西、内蒙古、甘肃、青海、宁夏等省（区）项目数量均低于 100 个（图 2-8）。

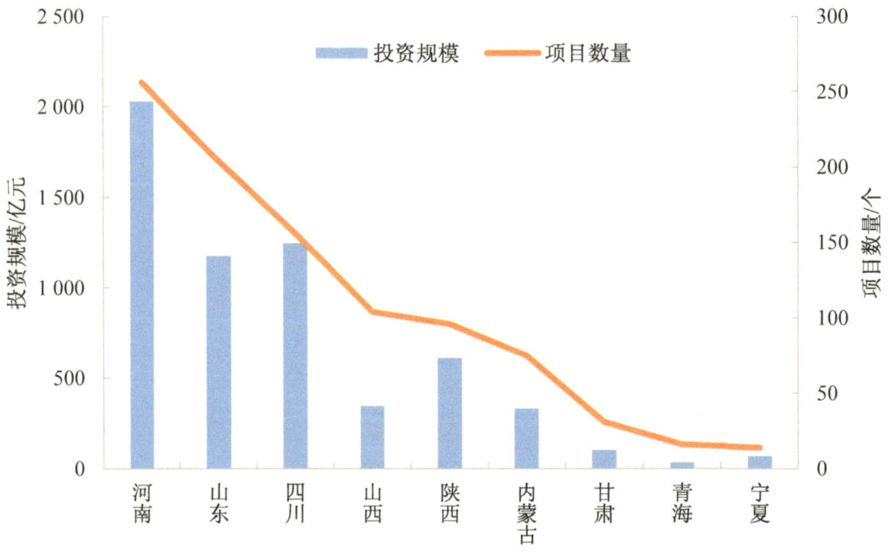

图 2-8 黄河流域地区入库项目数量和投资规模分布

2.4.4 京津冀地区

京津冀地区生态环境 PPP 入库项目数量共计 219 个，投资规模为 1 434.1 亿元，分别占全国生态环境 PPP 项目入库数量和投资规模的 6.9% 和 7.3%。项目数量和投资规模均为河北省最多，北京次之，天津最少（图 2-9）。

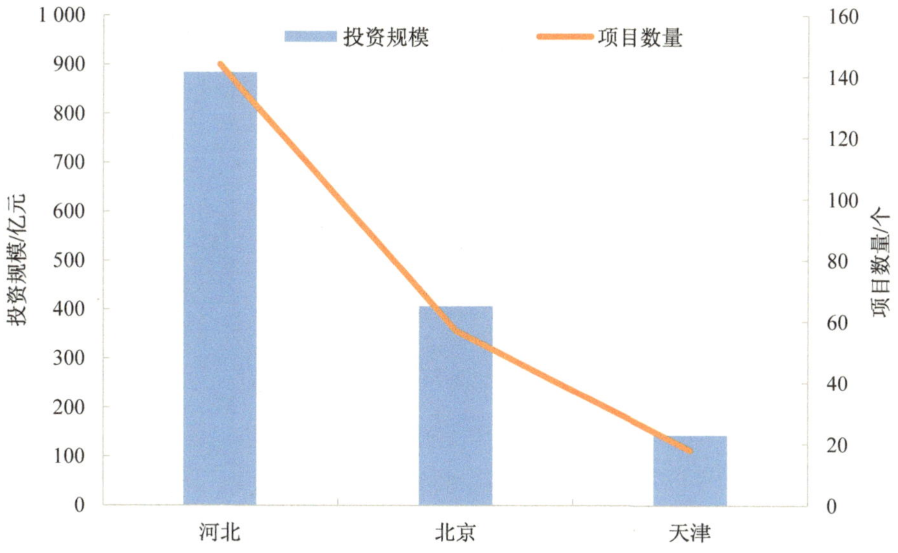

图 2-9　京津冀地区入库项目数量和投资规模分布

2.5 阶段分布分析

生态环境领域 PPP 入库项目中，一半以上的项目处于执行阶段，项目数量和投资规模占比分别为 52.8%和 58.0%；处于识别阶段的项目数量和投资规模占比分别为 16.7%和 13.2%；处于准备阶段的项目数量和投资规模占比分别为 14.8%和 13.6%；处于采购阶段的分别为 15.8%和

15.2%。随着污染防治攻坚战和环保督察工作的不断深入推进、生态环境PPP政策的精准化实施，预计全国生态环境PPP入库项目将加快实施进度（图2-10）。

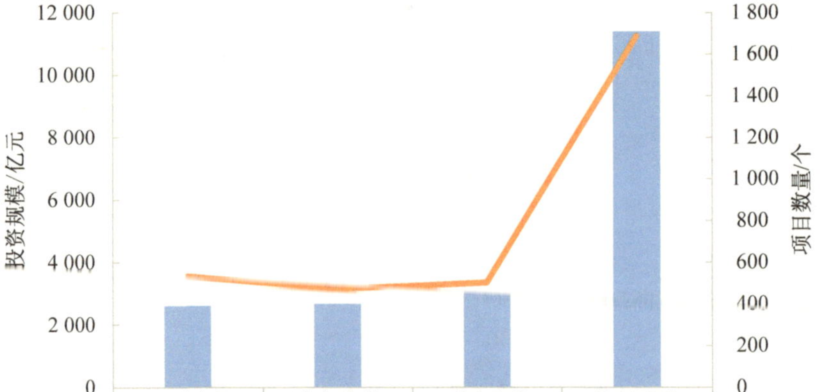

	识别阶段	准备阶段	采购阶段	执行阶段
投资规模	2602.39	2667.94	2989.29	11391.20
项目数量	534	472	504	1686

图2-10 入库项目所处阶段分布

在处于执行阶段的项目中，污水处理、综合治理及垃圾处理项目数量分别居于前三位，分别占比为43.7%、31.9%和13.4%；在投资规模上，综合治理、污水处理和垃圾处理项目居于前三位，分别占比为56.8%、25.1%和6.7%（图2-11）。污水处理、垃圾处理等城市刚性需求的行业，技术相对成熟，现金流稳健，是采用PPP模式的重点领域。2017年7月，财政部、住房和城乡建设部、农业部、环境保护部联合发布了《关于政府参与的污水、垃圾处理项目全面实施PPP模式的通知》（财建〔2017〕455号），通知提出政府参与的新建污水、垃圾处理项目全面实施PPP模式，有序推进存量项目转型为PPP模式，进一步推动了污水处理及垃圾处理项目的落地和实施。

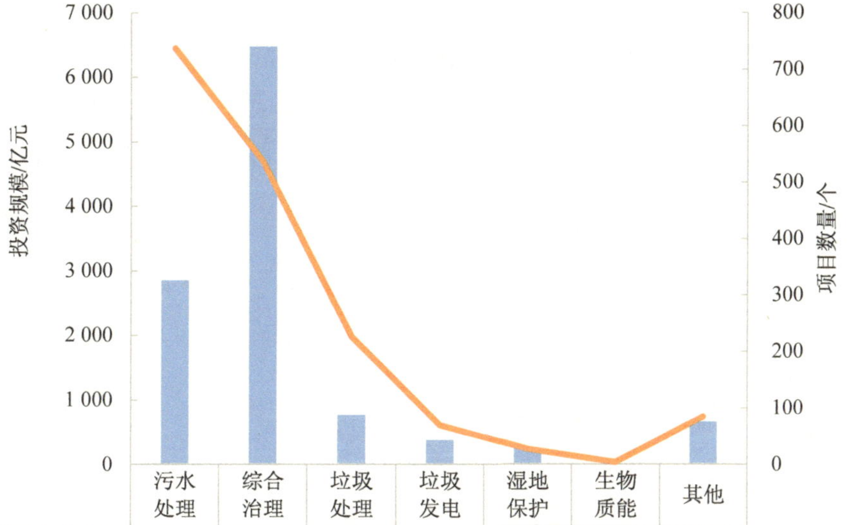

	污水处理	综合治理	垃圾处理	垃圾发电	湿地保护	生物质能	其他
投资规模	2857.03	6472.04	767.26	374.57	250.63	10.52	659.14
项目数量	737	537	226	70	27	4	85

图 2-11　执行阶段项目细分领域分布

2.6　运作方式分析

生态环境 PPP 入库项目的运作方式主要为 BOT（Build-Operate-Transfer，建设—运营—移交）模式，采用 BOT 模式运作的项目数量占入库项目总数的 72.6%，投资规模占入库项目总投资规模的 74.6%；采用 TOT+BOT 模式运作的项目数量占入库项目总数的 6.3%，投资规模占 6.1%；采用 TOT（Transfer-Operate-Transfer，移交—运营—移交）模式运作的项目数量占入库项目总数的 4.0%，投资规模占 2.0%；采用 ROT（Renovate-Operate- Transfer，改扩建—运营—移交）模式运作的项目数量占入库项目总数的 3.5%，投资规模占 1.4%；采用 BOO（Building-Owning-Operation，建设—拥有—运营）模式运作的项目数量占入库项目总数的1.4%，投资规模占0.9%；采用O&M（Operations & Maintenance，委托运营）模式运作的项目数量占入库项目总数的 0.7%，投资规模占 0.2%；采用其他运作模式的项目数量占入库项目总数的 11.5%，投资规模占 14.8%（图 2-12）。

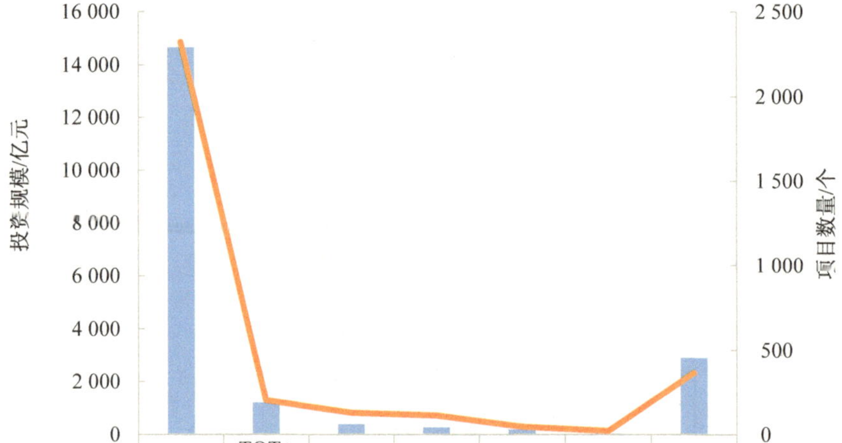

	BOT	TOT+BOT	TOT	ROT	BOO	O&M	其他
投资规模	14654	1205.21	386.17	267.79	184.46	46.01	2907.19
项目数量	2321	202	128	112	46	21	366

图 2-12　入库项目运作模式情况

生态环境治理项目通常具有投资金额大、资本回收期长、回报渠道较为单一、风险与不确定性高等特点。BOT 模式最突出的特点是政府以特许协议的形式，授权项目公司对整个项目进行设计、建设和运营及维护。特许期限内项目公司通过当地政府给予的政策优惠和运营项目带来的收益来偿还贷款和获得合理的利润。BOT 模式主要用于一些投资较大、建设周期长和可以运营获利的基础设施项目，适用于生态环境治理项目，因此生态环境 PPP 项目多采用此种模式。

2.7 回报机制分析

2.7.1 总体情况

按照上述细分领域进行统计分析，在生态环境 PPP 入库项目中可行性缺口补助类项目占比最高，项目数量和投资规模占比分别为 53.6%和 57.6%。此类项目建立了一定的收费机制并有财政资金补助，主要包括污水处理、综合治理、垃圾处理、垃圾发电等项目，政府付费类项目占比次之，项目数量和投资规模占比分别为 38.0%和 38.1%；使用者付费类项目占比最低，项目数量和投资规模占比分别为 8.4%和 4.4%（图 2-13）。

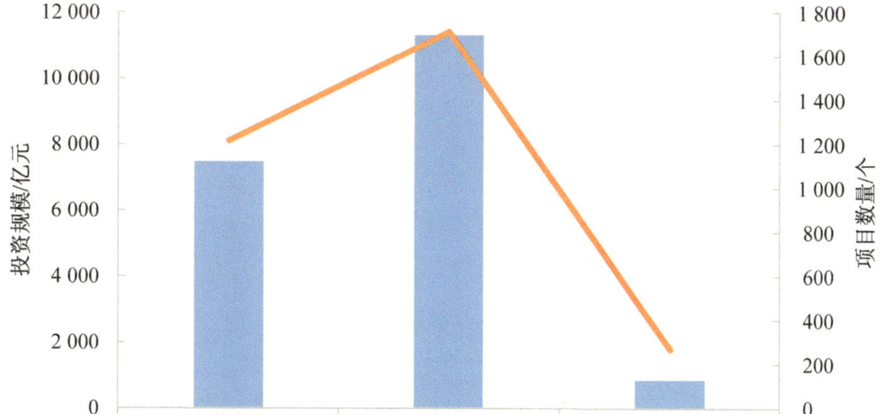

	政府付费	可行性缺口补助	使用者付费
投资规模	7481.9	11313.0	855.9
项目数量	1216	1712	268

图 2-13　入库项目回报机制情况

2.7.2 年度变化

自 2015 年以来，生态环境 PPP 入库项目中使用者付费类项目的数量和规模逐渐下降。《关于推进政府和社会资本合作规范发展的实施意见》（财金〔2019〕10 号）要求，财政支出责任占比超过 5%的地区，不得新上政府付费项目；若将新上政府付费项目打捆、包装为使用者少量付费项目，项目内容无实质关联、使用者付费比例低于 10%的，不予入库。污水处理、垃圾处理等领域依照“收支两条线”管理，不受政策影响。而黑臭水体治理、农村污水垃圾处理、水环境综合整治等领域没有使用者付费和经营性收益，或者付费和收益过低的项目，被大量清理出库或拒绝入库。2019 年政府付费类项目数量仅为 2017 年的 12.5%，投资规模为 2017 年的 8.4%。可行性缺口补助类项目数量和投资规模占比分别高达 65.2%和 73.7%（图 2-14 和图 2-15）。

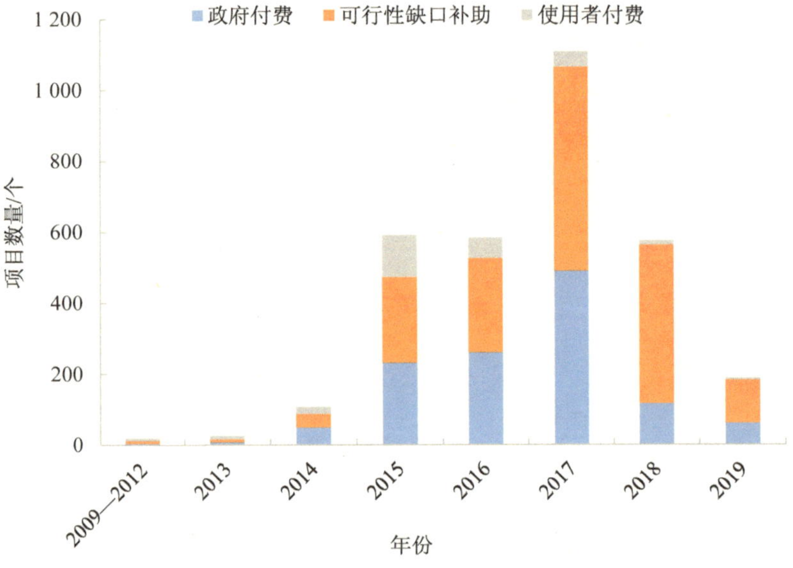

图 2-14　不同年份入库项目的回报机制情况（项目数量）

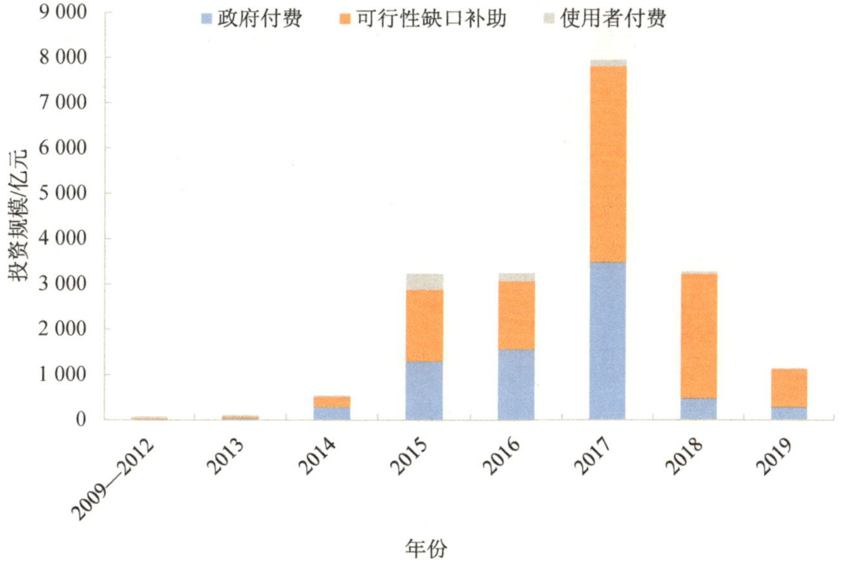

图 2-15　不同年份入库项目的回报机制情况（投资规模）

2.7.3 细分领域

从细分领域看，污水处理、综合治理、垃圾处理、湿地保护等项目均以可行性缺口补助为主（图 2-16 和图 2-17），项目数量占到生态环境 PPP 入库项目的一半左右，政府付费类项目数量次之。以上几类项目在实际运行过程中，使用者付费通常不足以满足社会资本或项目公司的成本回收和合理回报，由政府以财政补贴、股本投入、优惠贷款和其他优惠政策的形式，给予社会资本或项目公司支持。

垃圾发电项目中，可行性缺口补助类项目数量占比达到了 87.60%，投资规模占比达到了 90.53%。“十三五”以来，国家各部委、地方政府出台系列政策，极力推动垃圾焚烧处理项目，《“十三五”生态环境保护规划》提出，大中型城市重点发展生活垃圾焚烧发电技术，鼓励区域共建共享焚烧处理设施，到 2020 年，垃圾焚烧处理率达到 40%。垃圾焚烧发电 PPP 项目作为有稳定现金流项目，其大多数项目回报机制为可行性缺口补助，垃圾焚烧发电执行全国统一垃圾发电标杆上网电价［0.65 元/（kW·h）］，同时政府方以每吨垃圾中标补贴单价给予项目公司可行性缺口补助；为保证项目稳定运营，政府方可设置相应的保底垃圾处理量。

针对生物质能利用项目，我国推出了“标杆电价+补贴电价”的优惠政策，农林生物质发电执行全国统一标杆上网电价［0.75 元/（kW·h）］或中标价格［要求不高于 0.75 元/（kW·h）］。项目公司通过生物质焚烧发电售电给电网公司获得收入，以使用者付费为主。目前我国生物质发电管理办法正在制定过程中，管理办法将对生物质发电的收费机制做出重大调整，将会直接影响生物质发电行业的发展。

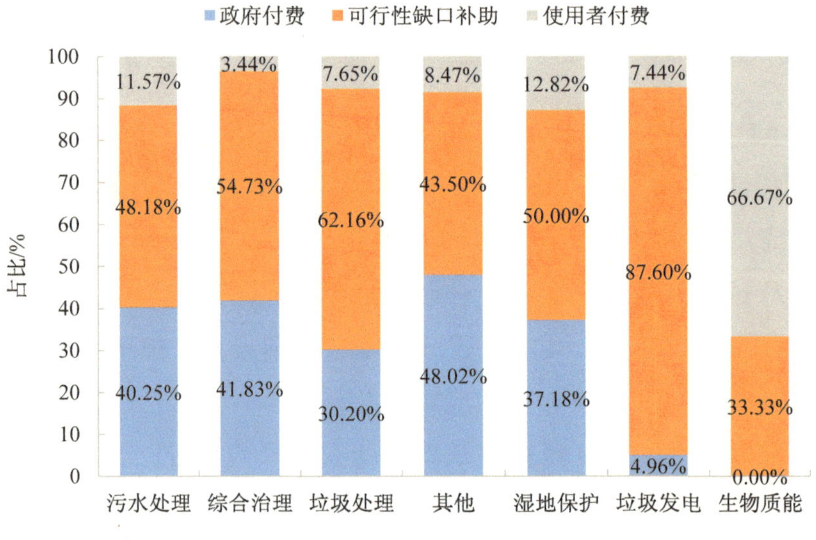

图 2-16　各细分领域项目回报机制占比分布图（项目数量）

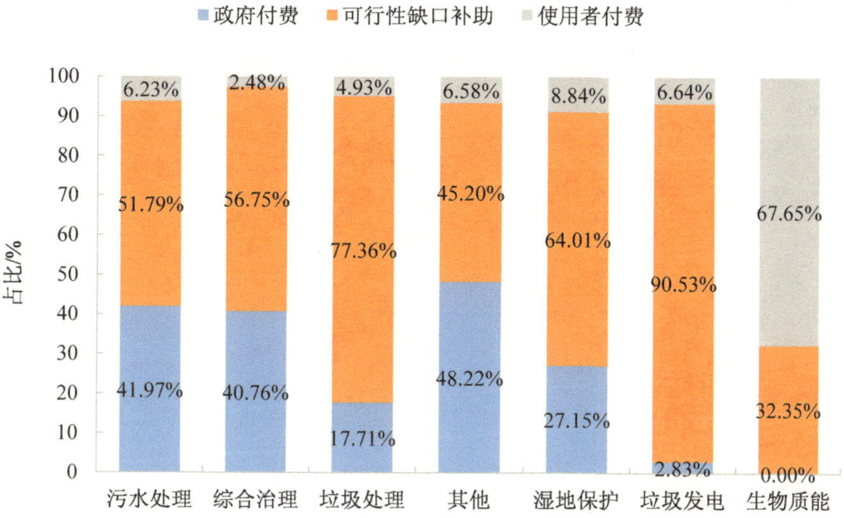

图 2-17　各细分领域项目回报机制占比分布图（投资规模）

2.7.4 各省份情况

从省份分布上看，政府付费类项目中，项目数量居前 5 位的省份分别是广东、河南、安徽、湖北和贵州；投资规模居前 5 位的省份分别是河南、广东、湖北、安徽、吉林。可行性缺口补助类项目中，项目数量居前 5 位的省份分别是湖南、湖北、四川、贵州和河南；投资规模居前 5 位的省份分别是湖北、四川、河南、云南和河北。使用者付费类项目中，项目数量居前 5 位的省份分别是贵州、山东、浙江、陕西和河南；投资规模居前 5 位的省份分别是山东、贵州、广东、陕西、福建（图 2-18～图 2-20）。

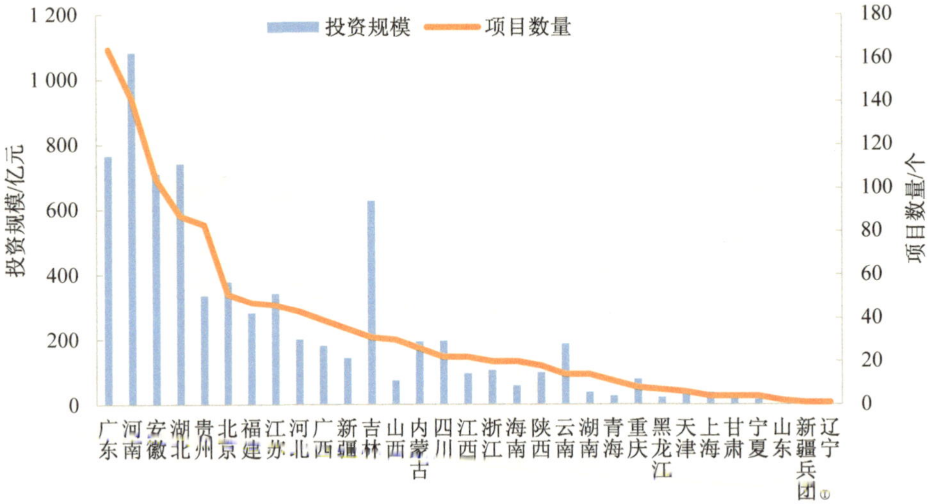

图 2-18 各省份及新疆兵团政府付费类项目分布情况

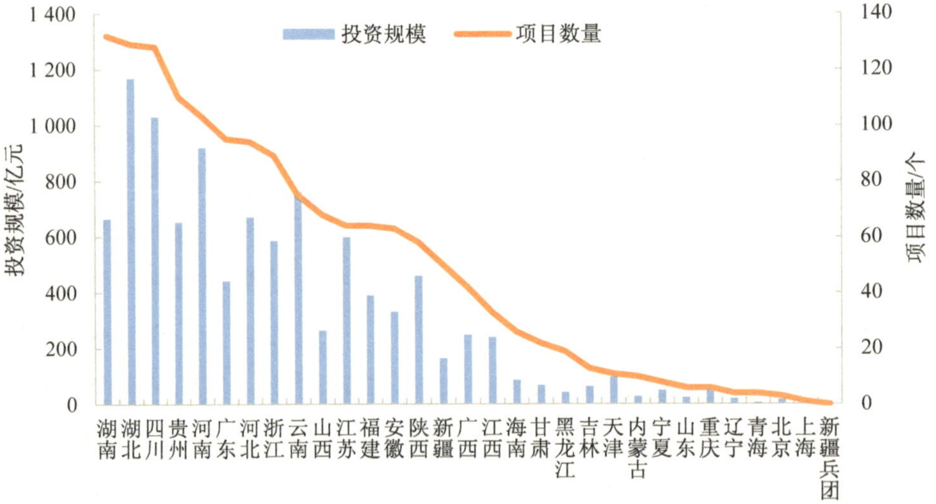

图 2-19 各省份及新疆兵团可行性缺口补助类项目分布情况

① 为新疆生产建设兵团的简称。

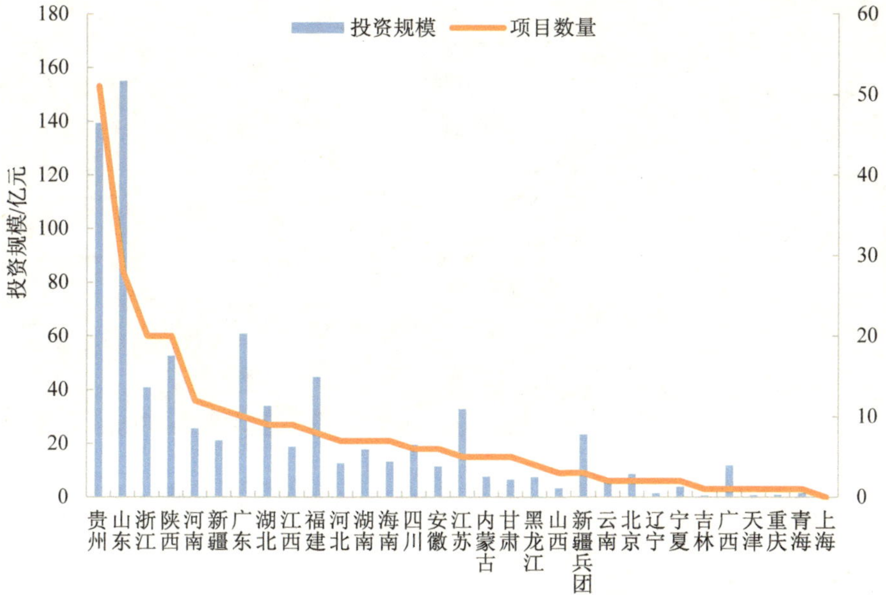

图 2-20　各省份及新疆兵团使用者付费类项目分布情况

3

生态环境 PPP 市场交易分析

3.1 交易总体情况

截至2019年年底，全国生态环境PPP入库项目共成交1 688个，总投资规模达11 540.97亿元，2015—2018年发起的成交项目最多。随着PPP政策的收紧，2018年、2019年呈现显著的下降趋势（图3-1）。

截至2019年年底，生态环境PPP项目整体交易率为52.82%。其中，2014—2016年发起项目交易率均超过60%，2017年发起项目突破1 000个的峰值时仍实现了57.49%的交易率。可见，自PPP规范政策实施以来，更加关注生态环境PPP项目的质量，生态环境PPP项目逐渐进入规范稳步发展阶段（图3-2）。

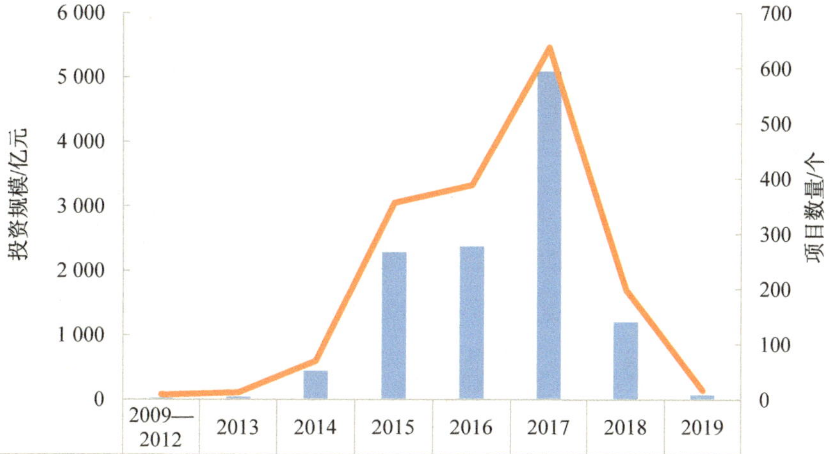

	2009—2012	2013	2014	2015	2016	2017	2018	2019
投资规模	23.97	41.99	444.71	2284.07	2376.65	5088.52	1204.73	76.33
成交项目	9	13	70	356	388	637	198	17

图 3-1　各年度发起生态环境 PPP 成交项目情况

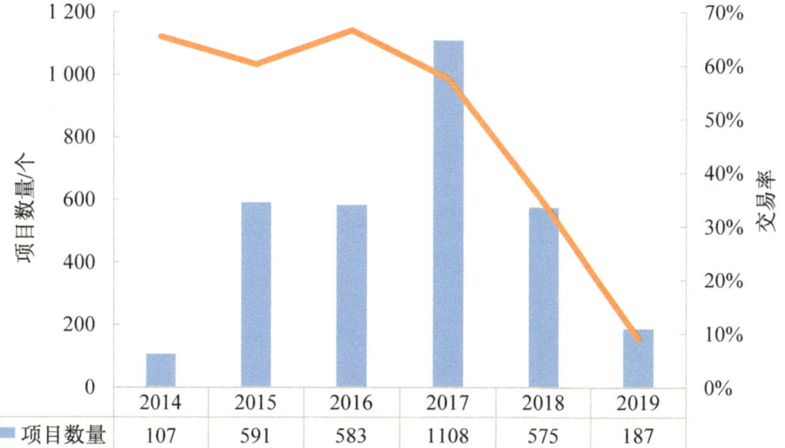

	2014	2015	2016	2017	2018	2019
项目数量	107	591	583	1108	575	187
交易率	65.42%	60.24%	66.55%	57.49%	34.43%	9.09%

图 3-2　各年度入库项目交易情况

3.2 示范项目情况

截至2019年年底，全国1 688个生态环境PPP成交项目中，国家级示范项目共272个，占比16.1%，其中第一批次9个，第二批次46个，第三批次114个，第四批次103个。国家级示范项目中已成交项目投资规模2 331.68亿元，占比20.2%。示范项目中，污水处理项目数量最多，占比达到37.5%，其次分别为综合治理项目、垃圾处理项目、垃圾发电项目、其他项目、湿地保护项目和生物质能项目。综合治理项目投资规模最大，占比达到56.6%，污水处理项目和垃圾处理项目次之（图3-3）。

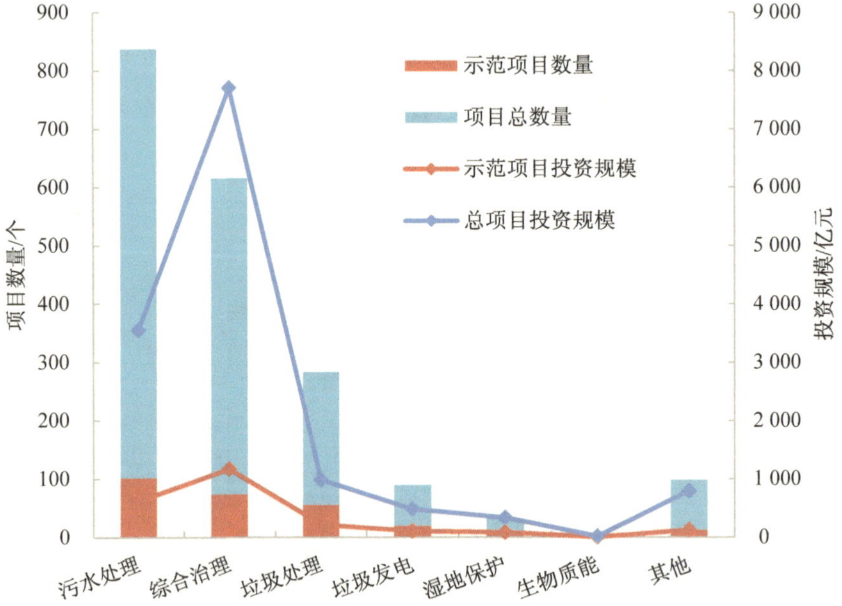

图3-3 成交示范项目数量及投资规模

3.3 细分领域分析

从细分领域成交情况来看，截至 2019 年年底，综合治理项目投资规模最大，占生态环境 PPP 项目投资总额的 56.64%，污水处理（含排水）项目次之，占 25.42%，垃圾处理、垃圾发电、湿地保护、生物质能项目投资总额均偏小，分别占生态环境 PPP 项目投资总额的 6.67%、3.23%、2.17%和 0.09%（图 3-4）。

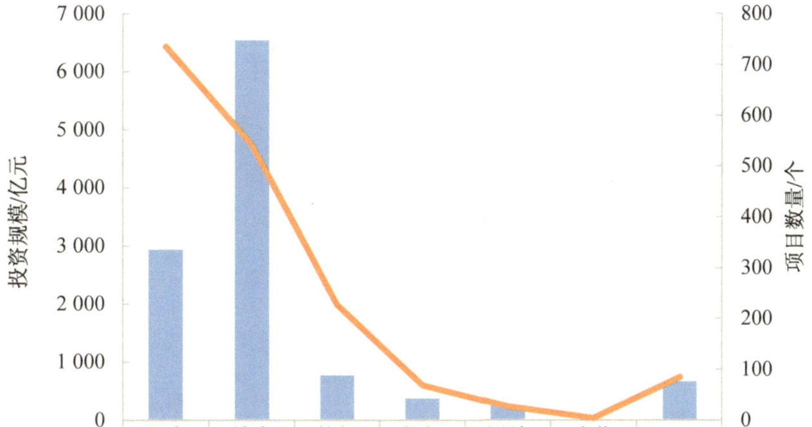

	污水处理	综合治理	垃圾处理	垃圾发电	湿地保护	生物质能	其他
投资规模	2933.73	6536.83	769.67	373.31	250.63	10.52	666.28
项目数量	735	541	227	69	27	4	85

图 3-4　细分领域成交项目数量与投资规模

与 2018 年年底相比，综合治理、垃圾处理成交项目占比基本持平，污水处理成交项目有明显提升，增长了 3.18%，垃圾发电、湿地保护、生物质能项目占比略有下降。

3.4 区域成交分析

3.4.1 总体布局

从成交项目区域分布来看，华东地区、华中地区和西南地区的生态环境 PPP 项目成交的投资规模较大、数量较多，项目投资规模占比分别为 28.6%、22.3%和 14.0%，项目数量占比分别为 30.5%、17.6%和 12.1%（图 3-5 和图 3-6）。其中，湖北省和河南省生态环境 PPP 成交项目总投资额超过 1 000 亿元，广东省、安徽省、吉林省、山东省、江苏省等 9 个省份成交项目总投资规模超过 500 亿元。单个项目投资规模比较结果显示，吉林省项目平均规模较大，投资规模均值达到 26.6 亿元/个，其次为上海市、云南省、湖北省、天津市，4 省（市）平均单个项目投资规模均超过 10 亿元，分别为 14.01 亿元/个、11.94 亿元/个、10.63 亿元/个、10.24 亿元/个。

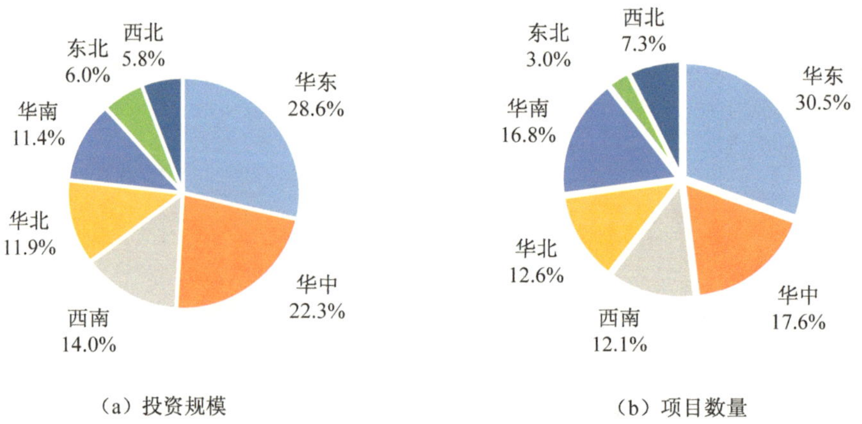

图 3-5 入库项目成交数量和投资规模区域分布

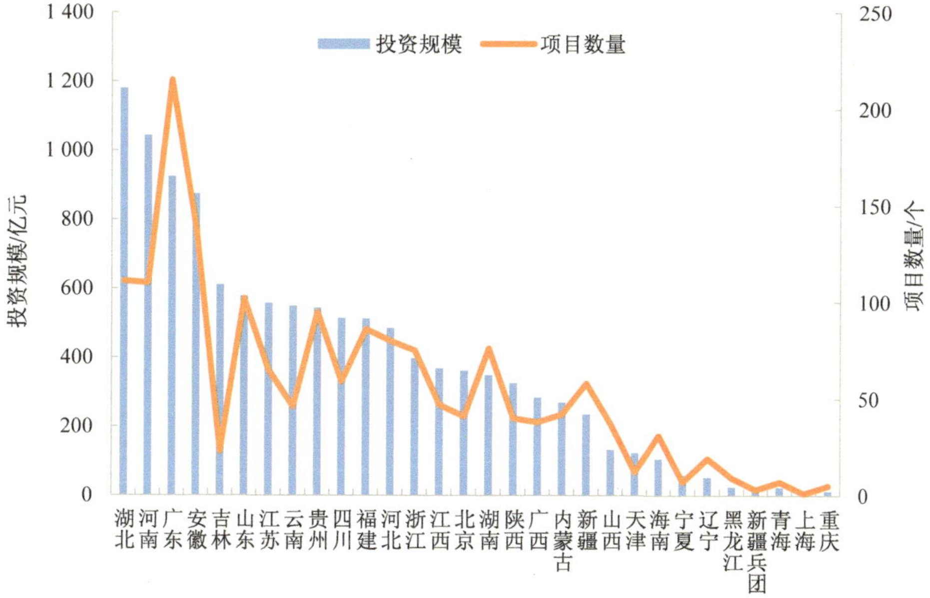

图 3-6 各省份及新疆兵团入库项目成交数量和投资规模情况

3.4.2 长江经济带

长江经济带成交项目数量共计 719 个，投资规模达到 5 360.22 亿元，分别占全国生态环境 PPP 项目成交数量和投资规模的 42.59%和 46.45%。在 11 个省（市）中，安徽省成交项目数量最多，共计 139 个，占长江经济带成交项目总数量的 19.33%，湖北省和贵州省成交项目数量次之，分别为 111 个和 95 个，分别占长江经济带成交项目总数量的 15.44%和 13.21%（图 3-7）。

长江经济带项目整体交易率为 51.21%。其中，安徽省项目交易率高达 80.35%，显著高于其他省份。浙江省、江苏省、云南省项目交易情况相对较好，交易率均超过 50%，入库项目数量较多的贵州省交易率不足40%，推行进度相对较慢（图3-8）。

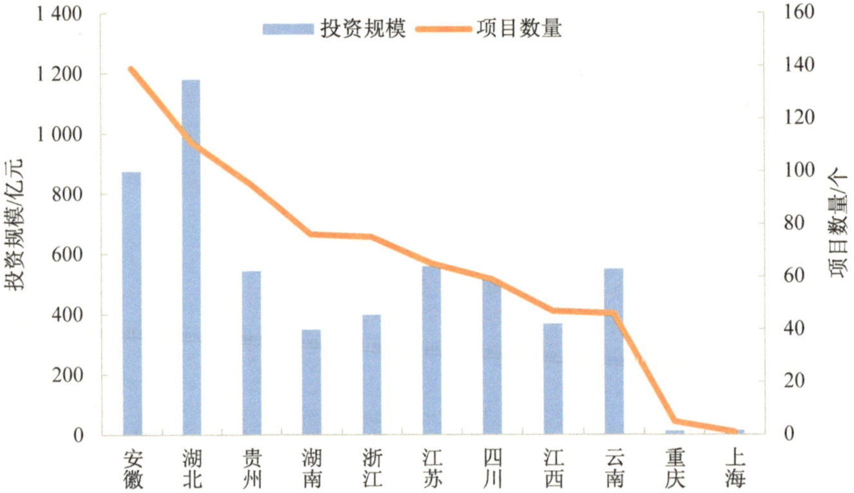

图3-7　长江经济带地区成交项目数量和投资规模分布

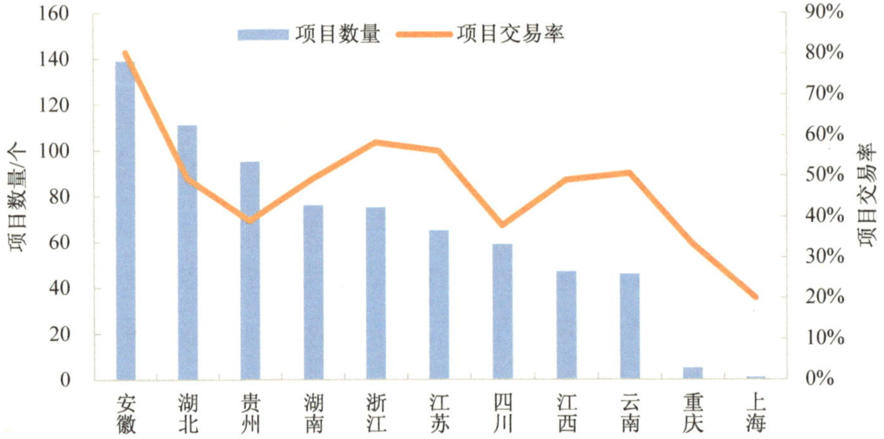

图3-8　长江经济带地区成交项目数量及项目交易率

3.4.3 黄河流域

黄河流域地区成交项目数量共计 413 个，投资规模达到 2 954.15 亿元，分别占全国生态环境 PPP 项目成交数量和投资规模的 24.47%和 25.60%。在 9 个省（区）中，河南省是成交项目数量和投资规模均最多的省份，成交项目数量共计 110 个，投资规模达 1 043.68 亿元，占黄河流域地区总投资规模的 35.33%，远高于其他省（区）。山东省成交项目数量和投资规模分别为 102 个和 578.86 亿元，排名第二位，四川省则成交了 59 个项目，投资规模为 513.75 亿元，位居黄河流域地区第三名（图 3-9）。

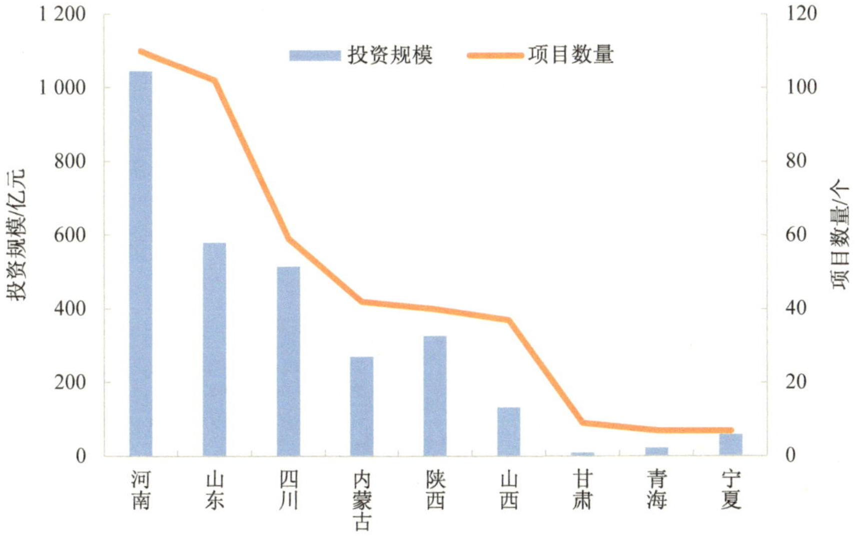

图 3-9 黄河流域地区成交项目数量和投资规模分布

黄河流域地区项目整体交易率为 43.38%。其中，内蒙古自治区项目交易情况最好，交易率为 56%。其次为山东省和宁夏回族自治区，均为 50%。山西、甘肃等省发起的项目成交数量和交易率相对较低（图 3-10）。

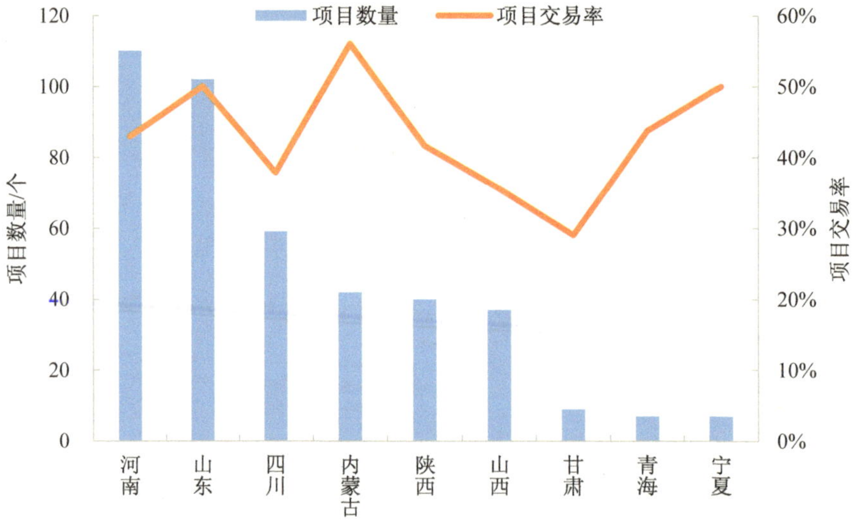

图 3-10　黄河流域地区成交项目数量及项目交易率

3.4.4　京津冀地区

京津冀地区生态环境 PPP 项目成交数量共计 133 个，投资规模为 968.69 亿元，分别占全国生态环境 PPP 项目成交数量和投资规模的 7.88% 和 8.39%。河北省项目数量和投资规模均最多，北京市次之，天津市最少（图 3-11）。

京津冀地区 PPP 项目整体交易率达 60.73%，明显高于全国平均水平，其中北京市 PPP 项目交易率高达 71.93%，天津 PPP 项目交易率为 66.67%。这与京津冀地区对 PPP 项目的支持力度、完善的政策保障不无关联。

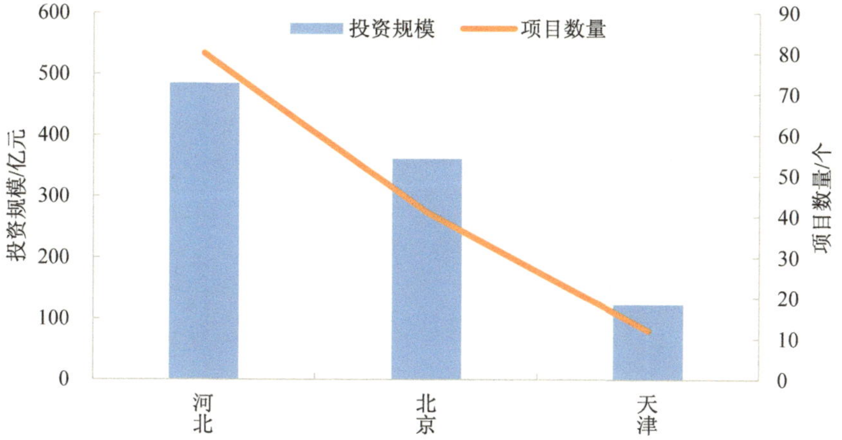

图 3-11　京津冀地区成交项目数量和投资规模分布

3.5　社会资本分析

从中标牵头单位企业性质来看，生态环境 PPP 项目已形成由国有企业、民营企业、外资企业组成的多元化竞争格局。其中，社会资本方中国有企业（国有独资或控股）占比最高，中标项目投资规模达到 7 490.60 亿元，占总成交规模的 64.90%；项目数量为 866 个，占总成交数量的 51.30%。民营企业（民营独资或控股）作为 PPP 市场的重要参与方，牵头承担项目的投资规模为 3 572.16 亿元，占总成交规模的 30.95%；项目数量 765 个，占总成交数量的 45.32%。国有企业单个项目的平均投资规模为 8.65 亿元，明显高于民营企业的 4.67 亿元。外资企业（外资独资或控股，含港澳台）成交项目规模和数量较少（图 3-12）。

截至 2019 年年底，牵头实施生态环境 PPP 项目的十大社会资本方为北控水务、长春城投、东方园林、碧水源、东清水务、光大国际、中电建、桑德控股、葛洲坝、首创环境（图 3-13）。其中，按照牵头单位企业性质划分，由于东方园林、碧水源、桑德控股三家民企分别被北京市朝阳区国资委、中交集团、清华启迪等国有资本控制，十家社会资本方均为国有（控股）企业。十大民营社会资本方以及主要细分领域十大社会资本方情况如表 3-1 至表 3-5 所示。

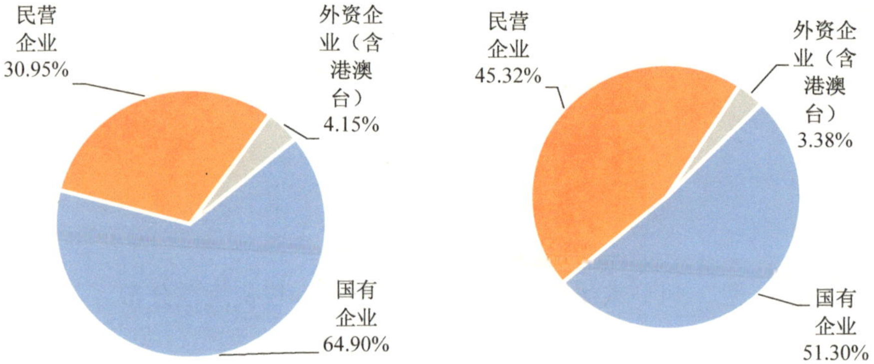

（a）投资规模　　（b）项目数量

图 3-12　入库成交项目社会资本数量和投资规模分布

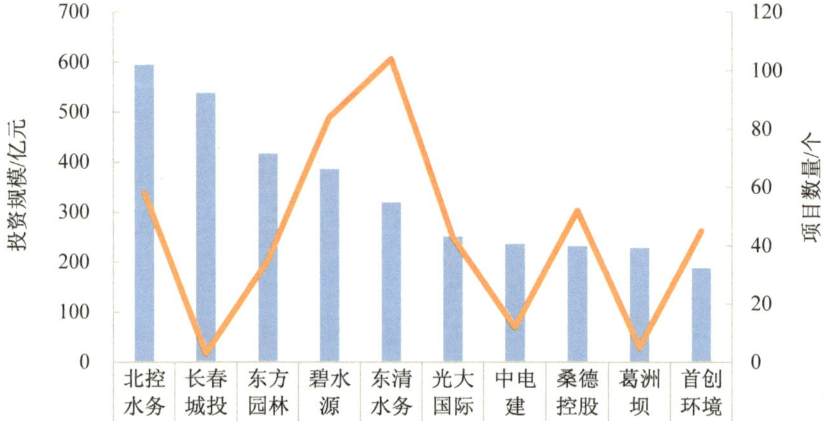

	北控水务	长春城投	东方园林	碧水源	东清水务	光大国际	中电建	桑德控股	葛洲坝	首创环境
投资规模	595.0	537.5	416.2	385.7	318.8	250.9	236.1	231.6	228.5	188.6
项目数量	58	3	35	84	104	43	12	52	5	45

图 3-13　入库成交项目十大社会资本方情况

表 3-1　2014—2019 年生态环境 PPP 项目十大民营社会资本方情况

排名	企业名称	中标规模/亿元
1	博天环境	172.72
2	铁汉生态	106.98
3	康恒环境	89.82
4	国祯集团	98.27
5	棕榈生态	71.34
6	蒙草生态	62.56
7	四川宏义实业集团	59.59
8	兴源环境	55.89
9	联泰环保	50.19
10	聚光科技	49.86

表 3-2　2014—2019 年污水处理 PPP 项目十大社会资本方情况

排名	企业名称	中标规模/亿元
1	碧水源	258.49
2	北控水务	224.09
3	首创环境	124.57
4	桑德控股	119.55
5	中信水务	114.99
6	中国水环境（含信开水环境）	110.51
7	博天环境	82.00
8	三峡集团/长江生态	78.81
9	云南水务	77.52
10	葛洲坝	52.38

表 3-3　2014—2019 年垃圾处理、垃圾发电 PPP 项目十大社会资本方情况

排名	企业名称	中标规模/亿元
1	光大国际	136.61
2	康恒环境	127.98
3	中国环境保护集团	55.31
4	上海环境	42.37
5	中航美丽城乡环卫	42.18
6	重庆三峰环境	30.64
7	桑德控股	45.36
8	绿色动力	25.88
9	中联环境	24.95
10	北京环卫	22.12

表 3-4　2014—2019 年湿地保护 PPP 项目十大社会资本方情况

排名	企业名称	中标规模/亿元
1	中建三局	58.08
2	东方园林	25.05
3	中国华冶科工	24.09
4	湖北恒畅	21.04
5	聚光科技	18.22
6	中建二局	17.26
7	光大国际	13.58
8	巴安水务	12.80
9	铁汉生态	10.01
10	中国化学	9.80

表 3-5　2014—2019 年综合治理 PPP 项目十大社会资本方情况

排名	企业名称	中标规模/亿元
1	长春城投	537.54
2	东方园林	314.97
3	东莞市东清	289.90
4	北控水务	210.40
5	云南建投	194.27
6	葛洲坝	166.10
7	中国水环境（含信开水环境）	163.09
8	武汉车都	138.91
9	中电建	137.05
10	武汉汉江湾	124.47

3.6　项目要素分析

3.6.1　项目公司

截至 2019 年年底，生态环境 PPP 以成立项目公司（SPV）形式实施的项目数量为 1394 个，项目总投资规模为 8 892.55 亿元，分别占成交项目的 82.58%和 77.06%。从区域分布来看，广东、安徽、山东、河南、湖北等省成立的项目公司数量较多（图 3-14）。

3.6.2　投资规模分布

生态环境 PPP 成交项目投资规模以 20 亿元以下的项目为主（图 3-15），其数量占成交项目总量的 93.07%。其中，小于 5 亿元的项目数量占成交项目总数的 63.80%；投资规模占总投资规模的 18.83%；大于（含等于）5 亿元小于 10 亿元的项目数量占成交项目总数的 18.66%，投

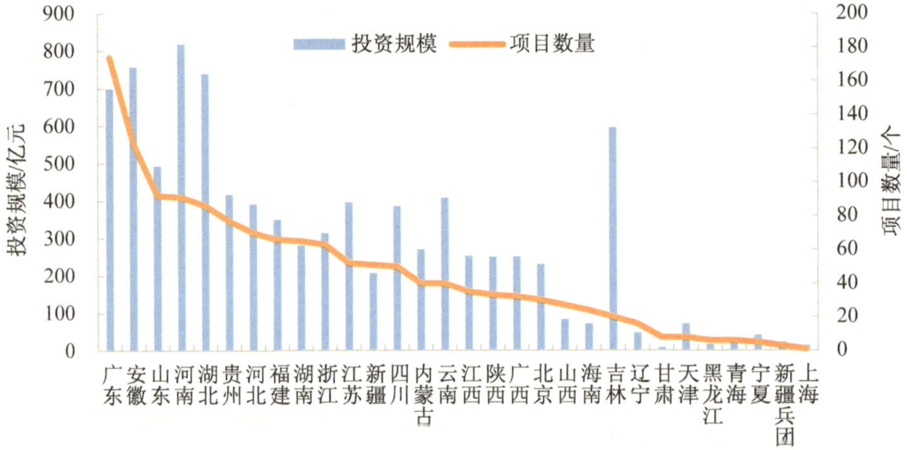

图 3-14　入库成交项目 SPV 分布情况

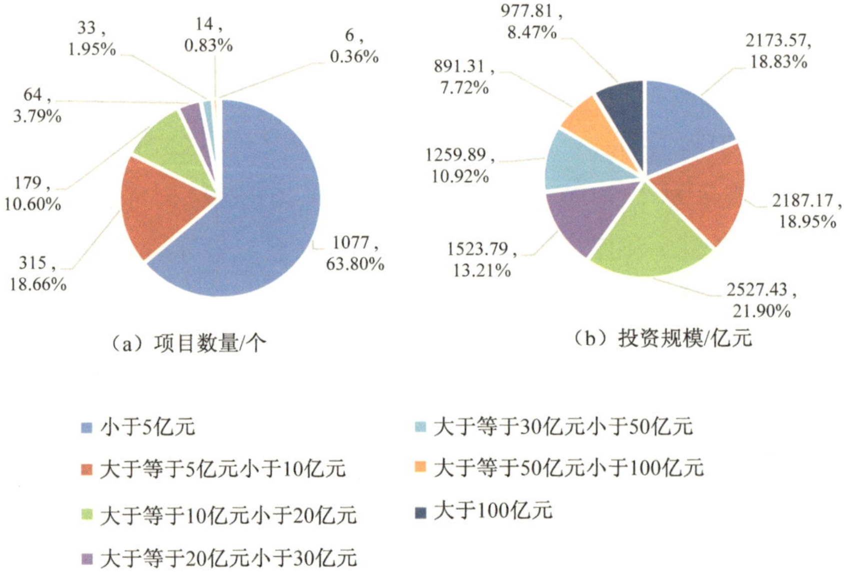

图 3-15　入库成交项目投资规模分布情况

资规模占总投资规模的 18.95%；大于（含等于）10 亿元小于 20 亿元的项目数量占成交项目总数的 10.60%，投资规模占总投资规模的 21.90%；大于等于 20 亿元的项目数量占成交项目总数的 6.93%，投资规模占总投资规模的 40.32%。

3.6.3 运作模式

截至 2019 年年底，成交的生态环境 PPP 项目中有 1 194 个项目采用 BOT 运作模式，项目投资规模达到 8 488.90 亿元，项目数量和投资规模分别占成交项目总数量和总投资规模的 70.7%和 73.6%；采用 TOT+BOT 模式的项目数量和投资规模的占比分别为 7.4%和 6.0%；采用 TOT 模式的项目数量和投资规模的占比分别为 3.7%和 1.9%。采用 ROT 模式的项目数量和投资规模的占比分别为 3.3%和 1.2%；采用 BOO 模式的项目数量和投资规模的占比分别为 1.1%和 0.9%；采用 O&M 模式的项目数量和投资规模的占比分别为 0.5%和 0.1%（图 3-16）。

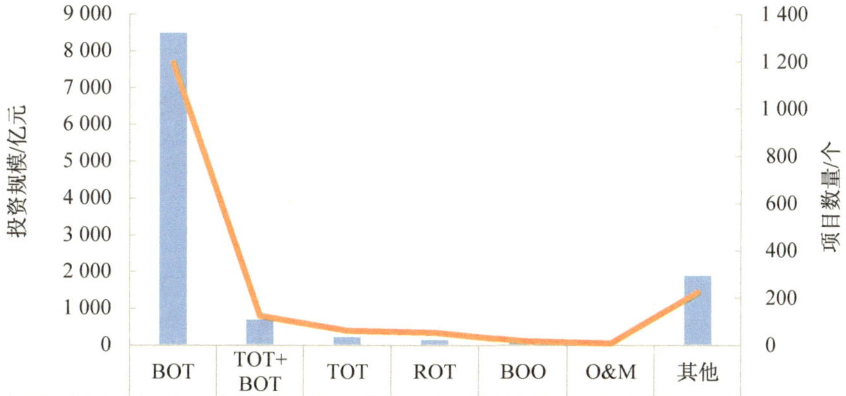

	BOT	TOT+BOT	TOT	ROT	BOO	O&M	其他
投资规模	8488.90	695.43	218.62	142.06	100.56	13.52	1881.88
项目数量	1194	125	63	55	18	9	224

图 3-16 入库成交项目运作模式情况

3.6.4 回报机制

截至 2019 年年底，成交项目中可行性缺口补助类项目数量和投资规模分别占成交项目总数量和总投资规模的 49.5%和 49.9%，政府付费类项目数量和投资规模分别占成交项目总数量和总投资规模的 46.0%和 47.9%。使用者付费类项目较少，项目数量和投资规模仅分别占 4.6%和 2.2%（图 3-17）。

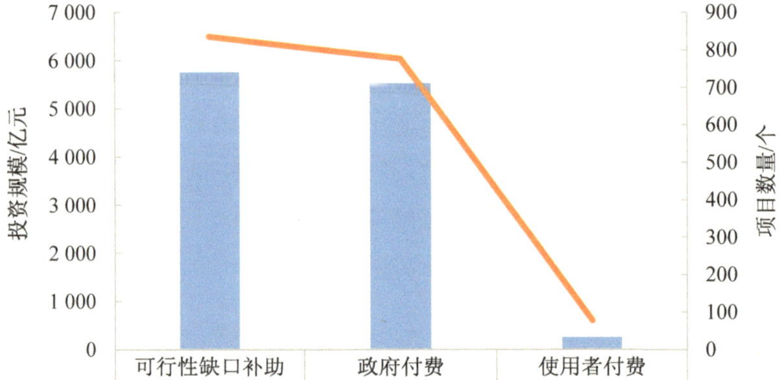

	可行性缺口补助	政府付费	使用者付费
投资规模	5757.41	5528.08	255.48
项目数量	835	776	77

图 3-17　入库成交项目回报机制情况

3.6.5 十大项目

截至 2019 年年底，成交投资规模较大的生态环境 PPP 项目主要为综合治理类，均由政府方发起，大部分为政府付费类项目，采用 BOT 模式，项目主要分布在吉林、湖北、安徽、内蒙古、江苏、河南和北京等省（区、市），其中有 7 个项目发起时间为 2017 年，表 3-6 为“十大”生态环境 PPP 入库项目。

表 3-6 “十大”生态环境 PPP 成交项目

项目名称	总投资/亿元	项目概况	合作期限	项目运作模式	回报机制	省份	采购方式
长春市百里伊通河水系生态治理工程 PPP 项目	268.99	本工程为水利生态治理项目，以防洪、水生态维护及水生态治理工程为主，涉及伊通河全流域，总治理面积为 3 907 hm^2。包括串湖流域 893 hm^2、伊通河流域 2 416 hm^2、东新开河流域 466 hm^2、永春河流域 132 hm^2、水域治理配套工程五个部分	30	BOT	政府付费	吉林	公开招标
长春市伊通河流域水环境综合治理工程 PPP 项目	199.76	建设内容：伊通河中段水生态治理工程、伊通河流域黑臭水体治理工程、伊通河中心城区防洪改造工程、伊通河流域配套设施建设工程、伊通河流域跨河桥梁工程、伊通河综合治理规划区路网改造工程、伊通河智慧水务综合管理平台、东新开河水环境治理工程	30	BOT	政府付费	吉林	公开招标
武汉经济技术开发区（汉南区）“四水共治”PPP 项目	138.91	主要分为五大部分建设：①防洪水建设；②排涝水建设；③治污水建设；④保供水建设；⑤信息化平台建设。采取 BOT 的运作模式实施	20	BOT	政府付费	湖北	竞争性磋商
安徽省阜阳市城区水系综合整治（含黑臭水体治理）PPP 项目	132.00	通过对阜阳市城区范围内 40 条内河（含 22 条黑臭水体，总长 187.7 km）进行拆违控违、雨污分流、截污纳管、垃圾清理、清淤疏浚、引水活水、生态修复等综合整治，统筹推进，提升城市内河水环境质量，打造城区河道滨水景观，改善城市人居环境	18	BOT	政府付费	安徽	公开招标

项目名称	总投资/亿元	项目概况	合作期限	项目运作模式	回报机制	省份	采购方式
湖北省武汉市硚口区汉江湾生态综合治理 PPP 项目	124.47	建设内容涉及六个部分：两湖水环境保护工程；污染企业改造搬迁；地下综合管廊及配套道路工程；福新泵站工程；老旧社区环境改造工程；“四新经济”产业园改造工程	20	BOT	可行性缺口补助	湖北	竞争性磋商
湖北省武汉市青山区北湖生态试验区水生态综合治理一期	113.67	建设内容包括：水环境治理、综合管廊相关道路工程和周边区域污染企业搬迁及改造三个部分。其中水环境治理包括严西湖北岸水环境及生态修复工程、北湖水环境及生态修复工程、江湖连通工程和北湖地区工业用地及湖泊沿岸土壤修复环境治理工程	20	BOT	政府付费	湖北	竞争性磋商
云南省大理州大理市环洱海流域湖滨缓冲带生态修复与湿地建设工程 PPP 项目	91.91	建设内容包括：生态修复及湿地工程；生态监测廊道工程；生态搬迁工程；管网完善工程；实验地建设工程（带湿地修复科研功能）。通过本项目的实施，可以起到管控生态空间、完善湖滨带生态结构，构建湖滨缓冲带核心区域的生态屏障，发挥对外围低污染水进行拦截净化功能，使缓冲带成为具有拦截、净化、缓冲作用的湖岸，使洱海湖滨带向自然型湖滨带转化，明显改善湖滨区生态景观等功能的作用	30	BOT	可行性缺口补助	云南	公开招标
河北省石家庄市滹沱河生态修复工程（中华大街至藁城城区东）PPP 项目	79.76	（1）太平河至西塔子口段新建右堤工程，工程建设主要内容包括新建右堤工程（太平河至西塔子口段）。（2）朱河至东三环主河槽治理工程，工程建设主要内容包括主河槽治理工程与堤外乡村路工程。	15	BOT	可行性缺口补助	河北	公开招标

项目名称	总投资/亿元	项目概况	合作期限	项目运作模式	回报机制	省份	采购方式
		（3）东三环北延线至藁城城区东生态修复工程，工程建设主要内容包括：①主槽防洪工程；②主槽水生态修复工程；③周汉河湿地工程；④生态绿化工程；⑤道路工程。（4）东三环至藁城城区东河槽防洪治理工程。合作期内，由项目公司负责本项目的设计优化、融资、投资、建设、运营、维护、移交全生命周期工作					
江西省九江市中心城区水环境系统综合治理一期项目	76.99	本项目共分为 6 个子项目，包括：①芳兰区域污水处理综合治理一期工程；②白水湖区域污水处理综合治理一期工程；③九江市中心城区长江排水口污水综合治理工程；④八里湖赛城湖控制枢纽工程；⑤两河（十里河、濂溪河）流域综合整治工程；⑥环赛城湖区域污染控制及生态化改造工程	20	其他	可行性缺口补助	江西	公开招标
鄂州樊口区域沿江路及江滩综合整治工程、滨江防洪及环境综合整治工程（古城路—五丈港路）	70.58	项目包含鄂州樊口区域沿江路及江滩环境综合整治工程和鄂州市滨江防洪及环境综合整治工程（古城路—五丈港路）。①鄂州樊口区域沿江路及江滩环境综合整治工程，包括区域内的江滩综合整治工程、水系综合整治工程、沿江主干路（桥）工程、生态景观工程、市政及其他配套工程等五项工程。②鄂州市滨江防洪及环境综合整治工程，主要包括拟建沿江大道及江滩综合整治工程	25	BOT	可行性缺口补助	湖北	公开招标

4

生态环境 PPP 实施成效

4.1 助力打赢污染防治攻坚战

PPP 模式的应用对打赢污染防治攻坚战、推动生态文明建设、增进民生福祉、建设美丽中国具有明显的推动作用。围绕污染防治攻坚战，生态环境 PPP 项目主要支持了城市黑臭水体治理、渤海综合治理、长江保护修复、农业农村污染治理等重点领域。

截至 2019 年年底，全国 PPP 综合信息平台项目管理库入库项目中，生态环境项目累计 3 196 个、投资规模 19 650.83 亿元，其中成交的项目 1 688 个，投资规模 11 540.97 亿元，项目交易率约为 52.82%；长江保护修复相关项目数量达 1 404 个，投资规模 9 494.27 亿元，分别占生态环境 PPP 入库项目总数量和投资规模的 43.93%和 48.31%；已成交实施的项目 719 个，总投资 5 360.22 亿元，分别占生态环境 PPP 成交项目总数量和投资规模的 42.59%和 46.45%。

黄河流域治理相关项目数量达 952 个，投资规模 5 941.42 亿元，分别占生态环境 PPP 入库项目总数量和投资规模的 29.79%和 30.23%。其中已成交实施的项目 413 个，投资规模 2 954.15 亿元，分别占生态环境 PPP 成交项目总数量和投资规模的 24.47%和 25.60%。

渤海综合治理相关项目数量达 444 个，总投资 2 532.66 亿元，其中已成交实施的项目 211 个，投资规模 1 220.27 亿元，分别占生态环境 PPP 成交项目总数量和投资规模的 12.50%和 10.57%。

全国 PPP 综合信息平台项目管理库入库项目涉及水环境治理项目数量 2 559 个，总投资 17 485.20 亿元，其中已成交实施的项目 1 386 个，总投资 10 238.84 亿元，该金额接近 36 个重点城市黑臭水体整治的累计投资额（2019 年黑臭水体消除比例达 96.2%，累计投资 11 000 多亿元）[①]。

专栏 1　PPP 模式助力污染防治攻坚战取得成效[②]

杨捷：从云南的实践来看，初步取得以下成效：一是充分发挥市场资源配置作用，撬动社会资金投入。一定程度上减轻了政府投资公共服务领域的财政负担，有效提高了资源的使用效率。二是科学统筹使用财力，集中力量打赢污染防治攻坚战。如大理洱海流域按照山水林田湖草统筹规划，先后以 PPP 模式实施了大理洱海环湖截污（一期）等 6 个洱海保护治理项目，总投资额 185.6 亿元，政府方仅投入资本金 11.2 亿元。三是创新管理方式，促进政府治理方式转变。四是提升污染防治能力和水平。（专家单位：云南省财政厅金融合作中心）

徐东升：一是在较短时间内调动大量社会资本投入生态环境领域，迅速改变了污染治理设施短缺、污染处理处置能力不足的局面。在污水

① 生态环境部.2020 年 1 月例行新闻发布会[EB/OL]. http：//www.mee.gov.cn/xxgk2018/xxgk/xxgk15/202001/t20200117_760049.html，2020-03-10.

② 财政部政府和社会资本合作中心. 财政部 PPP 专家库交流实录汇编[EB/OL]. https://www.cpppc.org/PPPsj/ 801.jhtml,2020.4.20.

处理、垃圾处理和黑臭水体治理方面效果最为明显。二是推动了污水垃圾收费制度的建立，使“污染者付费”理念得到较广泛认同，为建立特许经营制度和打赢污染防治攻坚战奠定了产业化基础。三是培育了一大批专业化企业，基本覆盖工程设计、技术研发、设备制造、投资、建设、运营全产业链，并形成了一些跨区域综合性环境服务龙头企业。四是在生态治理领域，政府由运动员向裁判员转变的趋势较为普遍和明显，PPP 模式下专业企业的引入使得生态环保设施的运营管理水平明显提升。[专家单位：北控水务（中国）投资有限公司]

赵仕坤：首先，PPP 模式解决了筹资难的问题；其次，PPP 模式的推进为区域（流域）整体污染防治一揽子解决方案提供了丰富的可借鉴的实际操作经验。最后，PPP 模式重视运营服务，有效解决了政府投资设备维护差、设备开机率低、故障率高的问题。（专家单位：北京中泽融信管理咨询有限公司）

4.2 加快生态环境治理历程

PPP 模式助力环境基础设施建设，在较短时间内调动大量社会资本投入生态环境领域，迅速改变了污染治理设施短缺、处理处置能力不足的局面。在全国基建投资增速放缓的背景下，生态保护和环境治理投资一直保持高速增长，其中 2019 年 1—11 月生态保护和环境治理投资同比增长 36.3%，远高于 5.2%的固定资产投资增速①。

从全国 PPP 综合信息平台项目管理库项目数量和投资规模来看，

① 生态环境部. 生态环境部部长在 2020 年全国生态环境保护工作会议上的讲话[EB/OL].http：//www.mee.gov.cn/xxgk2018/xxgk/xxgk15/202001/t20200118_760088.html，2020-03-10.

截至 2019 年年底，采用 PPP 模式进入执行阶段的生态环境项目共计 1 688 个，投资额 11 540.97 亿元，加快了我国生态环境治理进程，尤其在市政环保基础设施建设（污水处理、垃圾处理、垃圾发电等）领域和环境综合治理领域最为明显。项目计划开发年度相关数据显示，近年来新建污水处理、市容环境卫生及垃圾处理项目中约有 1/3 的项目是采用 PPP 模式实施的，投资规模均占当年全国同类项目总投资的 30%以上。

4.3 促进形成多方共治格局

生态环境领域推行 PPP 模式是实现多元共治的有效途径。党的十九大明确指出“构建政府为主导、企业为主体、社会组织和公众共同参与的环境治理体系”。新时期做好生态环境保护需要全社会共同参与。多元环境治理体系是政府、市场与社会多元主体基于共同的环境治理目标进行权责分配，采取管制、分工、合作、协商等方式持续互动，对环境进行治理所形成的体系，是环境治理体系在总体上、全方位、多方面的升华。

PPP 模式使得政府和社会资本的互补优势更加明显，政府由运动员向裁判员转变的趋势较为明显，保障了不同所有制企业公平参与市场竞争，培育了北控水务、长春城投、东方园林、碧水源等一大批基本覆盖工程设计、技术研发、设备制造、投资、建设、运营全产业链的跨区域综合性环境服务专业化企业。截至 2019 年年底，参与生态环境 PPP 项目的企业总数量达到 748 个（中标牵头单位），从投资规模上看，国有企业（国有独资或控股）占 64.90%，民营企业（民营独资或控股）占 30.95%，外资企业（外资独资或控股，含港澳台）占 4.14%。

4.4 打通多元化融资渠道

在财政去杠杆不断深化、政府严控债务规模的背景下，探索多渠道投融资、减轻政府财政负担、提高资金使用效率已成为必然选择。近年来，地方政府借助融资平台融资受限，地方投融资模式从以融资平台为主逐步发展成平台公司融资、政府购买服务、政府发行专项债券以及 PPP 模式并行的多元化融资模式。生态环境治理项目具有典型的公益性特征：投资需求大、项目运营和投资回收周期长，长期以来主要依赖政府公共财政投入。生态环境 PPP 模式合作期限多为 10～30 年，在前低后高的付费模式下拉长付费期限，有利于减少地方政府短期财政支出压力，通过 PPP 模式运作，对化解地方政府债务起到了积极作用。例如大理洱海环湖截污（一期）PPP 项目，靠州、市两级 3 年可用财力都无法满足当前洱海环湖截污工程，而通过采用 PPP 模式，就解决了洱海保护治理的资金投入难题，实际签约投资 29.80 亿元，节约财政资金 4.88 亿元。

4.5 推动环保产业跨越式发展

长期以来，我国生态环境治理存在技术力量不足、服务水平不高等突出问题。通过 PPP 模式，引进社会资本方的专业技术和先进管理经验，显著提高了生态环境治理的服务质量和效率。以垃圾处理、垃圾发电等领域为例，2016 年全国运行的 231 座垃圾焚烧发电厂，有 40%纳入国家重点监控范围，污染物排放普遍存在超标情况①。从 2017 年开始，政府参与的污水处理、垃圾处理项目全面实施 PPP 模式。截至 2019 年年

① 芜湖生态中心，自然之友. 231 座生活垃圾焚烧厂信息公开与污染物排放报告[EB/OL].https：//wenku.baidu.com/view/956830f3b7360b4c2f3f648f.html，2020-03-22.

底，全国正在运行的垃圾焚烧发电厂已达到 401 座，通过实施科学有效的项目监管与信息公开，企业排放达标率达到 99.7%①。随着垃圾焚烧产业政策的不断推进及 PPP 管理规范趋严，我国垃圾焚烧产业集中度不断提升，光大国际、上海环境、中国环保、翰蓝环境等企业凭借在项目经验、技术、运作模式以及品牌等方面的优势，市场占有率大幅增加。无论是在焚烧技术装备方面还是管理能力方面，我国垃圾焚烧产业在国际上均处于领先地位，行业发展影响力不断扩大。

4.6 带动社会经济发展

PPP 模式在生态环境治理领域中的应用，为我国经济发展和环境保护难点问题的探索与实践提供了一条市场化解决路径。在补齐环境公共基础设施短板的同时，在区域经济中引进先进企业、对 GDP 的贡献、新增就业岗位等方面均具有重要意义。截至 2019 年年底，进入执行阶段的生态环境 PPP 项目成立项目公司数量共计 1 394 个。采用国民收入法测算，2015—2019 年新增生态环境 PPP 项目总投资 1.09 万亿元，对 GDP 直接贡献率为 0.26%。若 2015 年以来入库的生态环境 PPP 项目全部进入执行阶段，项目投资规模将达到 1.9 万亿元，对 GDP 的直接贡献率将为 0.46%。

① 第一财经. 5 项焚烧排放数据明年起全公开[EB/OL].https：//www.yicai.com/news/100434841.html，2020-03-20.

5

生态环境 PPP 发展趋势

5.1 持续鼓励推行 PPP 模式

继续鼓励推行 PPP 模式。积极推进 PPP 立法建设，优化精简 PPP 操作流程，更好引导和服务市场主体参与公共服务供给。PPP 模式是在基础设施及公共服务领域建立的一种长期合作关系。通常由社会资本方承担设计、建设、运营、维护基础设施的大部分工作，并通过“使用者付费”及必要的“政府付费”获得合理的投资回报；政府部门负责基础设施及公共服务的价格和质量监管，以保证公共利益最大化。立足国内实践，借鉴国际成功经验，推广运用 PPP 模式，是国家确定的重大经济改革任务，对加快城镇基础设施建设、提升国家治理能力、构建现代财政制度具有重要意义。

自 2013 年以来，鼓励促进、规范引导、强化管理等有关 PPP 政策陆续出台。6 年来，我国 PPP 发展经历了试点探索、推广规范、普及应用的发展历程，截至 2019 年年底，财政部 PPP 中心的全国 PPP 综合信息平台项目管理库入库项目总投资规模达到 14.39 万亿元，是

2014—2019 年全社会基础设施投资（74.27 万亿元）[①]的 19.38%，PPP 已成为我国推动基础设施建设的主要模式之一。未来几年，我国将实施经济逆周期调节，加快推进基础设施“补短板”和“新基建”项目，PPP 市场将进一步发展壮大，PPP 将在我国推进国家治理体系和治理能力现代化建设中继续发挥重要作用。

生态环境治理仍是 PPP 的重点和优先领域。习近平总书记在全国生态环境保护大会上强调“要充分运用市场化手段，完善资源环境价格机制，采取多种方式支持政府和社会资本合作项目”。良好的生态环境是最公平的公共产品，是最普惠的民生福祉，生态环境治理项目符合推行 PPP 模式的基本要求。针对生态环境治理，先后出台了一系列的精准政策，包括《关于推进水污染防治领域政府和社会资本合作的实施意见》（财建〔2015〕90 号）、《培育发展农业面源污染治理、农村污水垃圾处理市场主体方案》（环规财函〔2016〕195 号）、《关于政府参与的污水、垃圾处理项目全面实施 PPP 项目的通知》（财建〔2017〕455 号）等。

生态环境 PPP 入库项目投资规模占项目库总规模的 13.69%，接近 2016—2018 年全国财政生态环保的累计支出规模（2016—2018 年全国财政生态环保相关支出规模累计安排 24 510 亿元[②]）。近期，国家出台的各项政策显示，生态环境保护是政府资金投向的重点领域，将进一步发挥政府投资的引导和带动作用，鼓励社会资金投入。在新冠肺炎疫情冲击之下，若启动新一轮的“补短板”投资，PPP 将成为推进生态环保等基建补短板领域项目落地实施的主要模式。

① 2014—2019 年国民经济和社会发展统计公报。

② 新华网.2016 年至 2018 年全国财政生态环保相关支出规模年均增长 14.8% [EB/OL]. http://www.xinhuanet.com/politics/2019-12/25/c_1125387318.htm. 2020-03-26。

专栏 2　PPP 助力污染防治攻坚战相关建议①

逯元堂：第一，在项目选择上，要强化 PPP 模式对污染防治攻坚战支撑的精准性，将有限的 PPP 资源用于效益最大的生态环境项目上。在当前政府财政支出压力较大的情况下，应将有限的资金用于对污染防治攻坚战效益更加显著的项目上，使生态环境 PPP 项目对污染防治攻坚战的支撑作用更加精准。第二，生态环境领域的 PPP 项目入库与中央环保投资项目储备库适当结合，重点支持纳入中央环保投资项目储备库的重大项目。第三，在政策制定上，要加强 PPP 政策在生态环境领域的精准性，协同推进防范化解重大风险和污染防治攻坚战的进程。应进一步强化两大攻坚战的政策协同，在打好防范化解重大金融风险攻坚战的同时，针对生态环境领域的公益性特点，对生态环境领域的政府付费类项目予以适当的政策倾斜，或在 5%的财承范围内对污染防治攻坚项目予以优先支持。（专家所在单位：生态环境部）

宋义武：第一，进一步提高对 PPP 助力污染防治攻坚战重要意义的认识。各地、各部门、各单位及相关人员要把思想认识统一到中央的要求上来，进一步增强责任感和使命感，下更大的力气、采取更扎实的措施，让 PPP 在污染防治攻坚战中发挥更大的作用。第二，加强政策指导，发挥政策、制度的引领作用。建议生态环境部、财政部联合出台鼓励支持在污染治理领域推广 PPP 模式的指导意见，对在大气、水、土壤治理等三大战役中如何实施 PPP 项目，提出明确具体的意见、路径和要求。第三，实行污染治理 PPP 项目优先的政策。在有限的财承额度内，同等条件下，污染治理 PPP 项目优先立项、优先入库、优先实施。第四，在

① 财政部政府和社会资本合作中心. 财政部 PPP 专家库交流实录汇编[EB/OL]. https://www.cpppc.org/PPPsj/ 801.jhtml,2020.4.20.

国家 PPP 基金中设立污染治理 PPP 项目专项子基金，支持一些对社会资本吸引力较低的 PPP 项目。第五，各级财政在现有的污染治理专项资金中安排一定比例用于支持污染治理 PPP 项目。第六，发挥示范引导作用。生态环境部、财政部应及时总结一批有关大气、水、土壤治理 PPP 示范项目经验，供全国各地学习借鉴。重点是在大气和土壤治理领域如何运用 PPP 模式进行示范指导。（专家所在单位：江苏省财政厅）

徐东升：第一，深刻理解把握 PPP 的内涵，将相对“低”成本的政府融资（如政府直接投资，专项债等）与 PPP 结合，发挥政府和社会资本各自优势，实现项目资金已落实特定情况下的组合效果最大化。第二，建议从国务院层面推进 EOD 模式，从规划协调到部门政策冲突协调再到政策支持，对制约生态治理项目外部性“内部化”的现行政策和分头管理现象进行调整。第三，防范金融风险和污染防治这两个攻坚战，在最近两年中产生了一定的矛盾，尤其在生态环保 PPP 领域。对于环境污染治理这类公益性占主导地位的项目，建议结合项目特征客观评估风险水平，进一步降低甚至取消资本金规定，充分吸引社会资本尤其是具有专业技术、运营能力的民营企业进入。同时客观评价财务投资人和专业运营商的价值取向和风险偏好，鼓励、规范、支持双方发挥各自优势、自由组合，使 PPP 项目实现效果最大化。[专家所在单位：北控水务（中国）投资有限公司]

5.2 PPP 市场环境逐渐优化

营商环境不断优化。2019 年党中央、国务院对国内营商环境进行了大规模整治，推进政府职能转变和深化“放管服”改革，为 PPP 的发展营造了良好的市场环境。2019年我国发布首部针对营商环境优化的行政法规——《优化营商环境条例》（国务院令 第722号），优化营商环境步入法治化轨道。作为优化营商环境的重要内容之一，2019年多地推进建设项目审批制度改革，国务院办公厅发布《关于全面开展工程建设项目审批制度改革的实施意见》（国办发〔2019〕11号），意见对工程建设项目审批制度实施全流程、全覆盖改革，压缩全国工程建设项目审批时间至120个工作日以内。

同时，社会信用体系建设提速，推进全过程信用监管。《关于部分建设工程企业资质延续审批实行告知承诺制的通知》（建办市函〔2019〕438号）和《关于加快推进房屋建筑和市政基础设施工程实行工程担保制度的指导意见》（建市〔2019〕68号）的发布，深入推进了建筑业“放管服”改革和承诺制升级；加快推行投标担保、履约担保、工程质量保证担保和农民工工资支付担保。充分运用全国PPP综合信息平台，及时、准确、全面记录政府和市场主体信用行为，加强与“信用中国”、全国信用信息共享平台的衔接，推动PPP领域失信信息公开。同时，国家发展改革委推送并采用市场主体公共信用综合评价结果，将评价结果纳入地方信用信息平台作为共享信息进行管理。

此外，国务院全面加大政府信息公开力度，制定《政府信息公开条例》（国务院令 第711号），条例要求进一步扩大政府信息主动公开的范围，明确政府信息公开与否的界限，完善依申请公开的程序规定。2019年年底，国家发展改革委发布《中华人民共和国招标投标法（修订草案公开征求意见稿）》，该法将推进招投标领域简政放权，提高招投标公开透明度和规范化水平，重点解决低质低价中标等突出问题。

PPP发展将更加规范。2019年，国家层面出台的与PPP直接相关的政策超过50个，进一步强调了对PPP的规范管理，也释放了国家层面对规范的 PPP 项目的正面激励信号。2019 年 3 月，财政部印发《关于推进政府和社会资本合作规范发展的实施意见》(财金〔2019〕10 号)，旨在在公共服务领域推广运用 PPP 模式，引入社会力量参与公共服务供给，提升供给质量和效率，有效防控地方政府隐性债务风险，充分发挥 PPP 模式积极作用，落实好“六稳”工作要求，补齐基础设施短板，推动经济高质量发展。《政府和社会资本合作（PPP）项目绩效管理操作指引（征求意见稿）》《政府和社会资本合作模式操作指南（试行）》相继公布。《最高人民法院关于审理行政协议案件若干问题的规定》（法释〔2019〕17 号）和《政府会计准则第 10 号——政府和社会资本合作项目合同》（财会〔2019〕23 号）进一步明确了 PPP 协议、支出责任的性质。随着政策的落地实施，不断加强合同弹性管理，按照“风险共担”原则，保障社会资本方合法权益。未来，我国 PPP 发展将更加规范，也为生态环境 PPP 发展营造了良好的政策和市场环境。

5.3 绩效管理要求不断强化

绩效管理成为 PPP 健康发展的必要保障。《关于规范政府和社会资本合作（PPP）综合信息平台项目库管理的通知》（财办金〔2017〕92 号）明确提出，严格新项目入库标准，未建立按效付费机制的项目严禁入库；不低于 30%的建设投资要与运营绩效挂钩。《关于推进政府和社会资本合作规范发展的实施意见》（财金〔2019〕10 号）指出，要建立完全与项目产出绩效相挂钩的付费机制，不得通过降低考核标准等方式，提前锁定、固化政府支出责任。2019 年 5 月，财政部办公厅发布的《政府和社会资本合作（PPP）项目绩效管理操作指引（征求意见稿）》（财办金〔2019〕39 号），提出 PPP 项目全生命周期绩效管理的要求、PPP 项目和 PPP 工作绩效管理的指标体系框架。随着 PPP 管理的不断深化，细分领域的 PPP 绩效考核工作将次序展开，持续深化绩效评价结果应用，落实完全与项目产出绩效相挂钩的付费机制，突出结果导向，抓实抓细提质增效的要求，有力规范和促进 PPP 精细化发展。

生态环境 PPP 绩效评价是实施管理的要点。持续改善生态环境是生态环境 PPP 项目的核心目标，生态环境 PPP 项目必须重视运营维护及其绩效考核，建立科学合理的绩效考核指标体系，实施有效的按效付费机制，绩效管理将成为生态环境 PPP 管理的重点内容。2019 年，财政部 PPP 中心联合部分省份财政厅推进细分领域绩效评价指标体系研究工作，旨在进一步完善 PPP 项目绩效管理，初步选择污水治理、垃圾处理、黑臭水体治理等 4 个行业作为研究重点，拟支持地方发布实施符合本地区情况的细分行业绩效评价指标体系和绩效评价方案。生态环境治理是推行 PPP 绩效管理的优先和重点领域。

专栏 3　细分领域 PPP 项目绩效评价指标设置相关建议①

针对垃圾焚烧领域：

周兰萍：第一，尊重行业共性，绩效评价指标可参考借鉴行业综合评价标准。各行业标准完善，其中也包括项目建设运营评价标准。垃圾处理领域，特别是生活垃圾焚烧发电项目可以参考借鉴。第二，关注项目个性，根据项目的特点和 PPP 项目绩效考核的要求，对指标体系加以完善和差异化设置。在尊重行业共性的同时，也要考虑到项目合作内容、收入构成和付费方式等个性特点及 PPP 项目绩效考核的要求，对既有的行业绩效评价指标体系进行调整，以贴合项目个性。第三，关注与项目

① 财政部政府和社会资本合作中心. 财政部 PPP 专家库交流实录汇编[EB/OL]. https://www.cpppc.org/PPPsj/ 801.jhtml,2020.4.20.

提质增效有关的重要指标。如环境指标、数据监控、成本及能耗指标、社会效益等指标，它们在考核体系中应得到高度重视。另外，绩效考核指标设置应关注运营提升空间，如每吨垃圾发电量要求。第四，关注惩罚性指标和激励性指标的平衡设置。第五，在 PPP 项目合同以及项目绩效考核文件中还应建立必要的再谈判机制。垃圾处理类 PPP 项目合作期限通常达 20 年以上。项目实施过程中，由于各项行业标准的提高，项目产出要求和绩效评价指标变化很难避免，合作双方应通过必要的再谈判对绩效考核体系进行适时调整，在通过绩效考核实现公共服务提质增效目标的同时，有效保障社会资本的合理收益，提高社会资本方的积极性和主观能动性。［专家所在单位：北京市中伦（上海）律师事务所］

针对环卫领域：

薛涛：第一，鉴于环卫行业的运营属性很强，重点应放在环卫服务绩效方面，环卫运营服务及设施维护合计指标权重可不低于 80%，适当降低在项目管理方面的权重。第二，绩效评价指标应覆盖环卫各环节，适用国家标准、行业标准及地方环卫标准；第三，应考虑政策要求及技术变革因素，鼓励行业创新，如设置城市生活垃圾分类、环卫机械清扫率、智慧环卫管理等方面的指标。第四，体现服务社会公众的公益属性，应设置公众满意度指标，通过满意度调查或公众投诉统计等方式进行评价。总之，环卫一体化 PPP 项目绩效评价指标应系统化设置，激励并约束社会资本持续、高效地为社会提供优质的环卫服务。（专家所在单位：E20 环境平台）

针对农村环境综合治理领域：

段红东：农村人居环境整治行业绩效评价指标的设置不仅要统筹考虑其系统性、科学性、规范性，更要体现农村环境治理的复杂性、特殊性。农村人居环境整治主要有农村改厕、生活污水治理、生活垃圾治理、农膜及农药包装袋（瓶）等废弃物回收、村庄清洁行动、村容村貌整治提升、农村人居环境示范工程等内容，它们各有侧重点、各具特色。建议：第一，在接地气上多做文章，尽量减少分项或分类设置指标，尽可能综合设置、合并设置指标，做到简单易行，让乡镇、村级干部看得懂、能填报，可自评；第二，在具体指标上可按以下要素进行设置，即组织管理（协调机制、机构）、实施方案（规划、相关文件）、资金到位（省市县安排、乡村自筹）、任务完成（工作台账、质量控制、任务完成率）、维修养护（经费、质量、人员）、监督检查（省、市、县、乡级）、任务完成（参与度、满意度）；第三，在指标赋分设计中，侧重于资金到位、任务完成等内容，占比可为 65%～75%；另外，可设置加、减分项，如有典型经验或做法报道等加分、出现突出问题或负面报道等减分。（专家所在单位：水利部发展研究中心）

5.4 多种投融资模式组合并用

探索 PPP 与各类财政资金、开发性金融等相结合。在财政减收增支“紧平衡”的状态下，提高财政绩效是一种结构性增收手段。PPP 已建立一套包括鼓励竞争、风险分担、全生命周期透明管理、按效付费等内容的规范、系统、公开、高效的激励约束机制，突出积极财政政策“提质”要求和“增效”导向，把少花钱、多办事的财政绩效落到实处。推动实施财政支持经济发展资金金融化改革，整合中央、省、市各级财政专项资金统筹使用，通过“拨款变投资、直接变间接、无偿变有偿、资金变基金、分散变集中”的方式，发挥财政资金“四两拨千斤”的作用，引导和撬动更多金融资本和社会资本注入生态环境治理领域。设立专项奖补资金。对于公共服务、化解政府存量债务等项目，以及在重大政策、重要改革创新试点等方面成效显著的地区，给予财政奖补资金支持，鼓励地方工作创新，切实发挥 PPP 调结构、惠民生、防风险的作用。鼓励将专项资金在政策允许范围内进行统筹整合，综合运用股权、担保、融资租赁等资本市场金融化理念，引入市场化运作模式，把市场作用和政府作用有机结合，逐步构建财政资金激励引导环保产业发展的长效机制。设立政府股权投资引导基金。以市场化运作模式与金融行业、社会资本合作，采用股权投资的方式逐步设立覆盖多领域的政府投资基金。整合国有资产、资本、资源，做大做实环境类平台公司，通过市场化运作，提高平台的融资对接能力，降低融资成本。此外，探索与世界银行、国家开发银行等开发性金融平台合作，以多种投融资模式组合推进生态环境治理，建立生态环境治理多元参与的投融资机制。

5.5 助推环境治理模式创新

运用 PPP 推动环境治理模式创新。长期以来，生态环境治理存在的治理效益外部化、难以有效转化为经济收益、投资缺乏回报机制、治理资金总体投入不足等问题，制约着生态环境治理进程和生态环保产业发展。2018 年 9 月，生态环境部印发了《关于生态环境领域进一步深化“放管服”改革，推动经济高质量发展的指导意见》（环规财〔2018〕86 号），意见提出探索开展生态环境导向的开发（EOD）模式，推进生态环境治理与生态旅游、城镇开发等产业融合发展，在不同领域打造标杆示范项目。2020 年 3 月，中共中央办公厅、国务院办公厅印发了《关于构建现代环境治理体系的指导意见》，意见提出创新环境治理模式，积极推行环境污染第三方治理，开展园区污染防治第三方治理示范，探索统一规划、统一监测、统一治理的一体化服务模式；开展小城镇环境综合治理托管服务试点，强化系统治理，实行按效付费；对于污染地块，鼓励采用“环境修复+开发建设”模式等。运用 PPP 模式，统筹好政府与市场的关系，推动园区、小城镇、污染地块等环境治理与产业开发相结合，将有利于生态环境治理和经济发展相互促进，创新突破生态环境治理资金筹措难、投入不足等难题，推动实现环境经济融合、可持续发展的目标。

6 细分领域典型案例

基于前四批国家级示范项目，选取垃圾焚烧、环卫、水环境综合整治、农村污水处理 4 个细分领域项目案例进行分析。项目的实施，一方面为改善区域生态环境质量发挥了重要作用，另一方面也在项目的组织实施模式上具有一定的示范指导意义。

6.1 垃圾焚烧

四川省乐山市城市生活垃圾环保发电项目属于能源——垃圾发电行业，已列入第三批国家级示范项目名单。项目位于四川省乐山市，项目总占地约 115 亩①，处置规模为 2×500 t/d，采用机械炉排炉焚烧工艺，年运行时间不少于333 d，配套新建处理能力为300 t/d的渗滤液处理车间。

6.1.1 项目概况

乐山市共有生活垃圾处理厂 10 座，除了井研县未建设生活垃圾处

① 1 亩=1/15 hm^2。

理厂，且其生活垃圾运往乐山市凌云垃圾填埋场之外，其余各区县分别建有一座垃圾填埋场，总处理能力为 1 345 t/d，其中五通桥区垃圾处理厂为简易焚烧工艺，其余 9 座均为卫生填埋处理工艺。目前，各处理设施剩余设计使用年限为 3～14 年，随着目前城市生活垃圾量的大幅度增长、国家城镇化发展，以及城乡环境综合整治的要求，预计大部分处理设施实际使用年限将不足 5 年，因此建设城镇垃圾处理设施十分必要。同时，为了进一步创新乐山市城市基础设施投融资机制，乐山市人民政府决定采用 PPP 模式实施乐山市城市生活垃圾环保发电项目。项目基本信息见表 6-1。

表 6-1　项目基本信息表

项目名称	四川省乐山市城市生活垃圾环保发电项目
项目类型	新建
所属行业	能源——垃圾发电
合作内容	1. 总投资：根据项目可研，项目总投资 70 016 万元（含征地拆迁及红线外工程投资约 21 663 万元）。 2. 建设内容：设计规模为日处理生活垃圾 1 000 t，采用机械炉排炉焚烧工艺，配备 2 条处理能力 500 t/d 的焚烧炉和 1 台 18MW 汽轮发电机组，配套新建处理能力 300 t/d 的渗滤液处理车间。建设内容包括生活垃圾焚烧发电设施、渗滤液处理、炉渣处理设施、飞灰处置等工程。红线外投资建设的内容包括进厂道路、供排水系统、输变电设施等。 3.运营服务范围：特许经营期内，项目公司负责本项目相关设施的投融资、设计、建设及运营维护等事宜（包括进厂道路的运营维护）。 4.产出标准：烟气达到国内先进水平，满足欧盟 2010 标准要求；渗沥液全封闭处理，出水水质满足《工业循环冷却水处理设计规范》（GB 50050—2007）中的再生水要求后进行回用；飞灰经固化+稳定化处理后，满足《危险废物鉴别标准 浸出毒性鉴别》（GB 5085.3—2007）和《生活垃圾填埋场污染控制标准》（GB 16889—2008）的要求后送到填埋场填埋
合作期限	30 年（建设期 2 年，运营期 28 年）

运作方式	建设—运营—移交（BOT）
资产权属	项目用地由政府划拨给项目公司，在特许经营期内，项目公司拥有项目宗地范围内的土地使用权。项目建设期内投资建设形成的项目资产，以及项目运营期内因更新重置或升级改造投资形成的项目资产，在特许经营期内均归项目公司所有，项目公司拥有这些资产的所有权并负责运营、管理和维护
回报机制	可行性缺口补助
实施机构	乐山市城市管理行政执法局
采购方式	公开招标
政府出资方	乐山市国有资产经营有限公司
咨询机构	上海济邦投资咨询有限公司
中选社会资本	中国光大国际有限公司，国有企业
签约日期	2017 年 3 月 20 日
项目公司设立概况	公司名称：光大环保能源（乐山）有限公司 设立时间：2017 年 6 月 8 日 股权结构：注册资金 43 400 万元。光大环保能源（乐山）控股有限公司，出资 39 060 万元占股 90%；乐山国有资产投资运营（集团）有限公司出资 4 340 万元，占股 10%
主要贷款机构	已取得中国银行，光大银行，建设银行，工商银行授信函

6.1.2 项目亮点

（1）科学选址使“邻避”效应影响最小化

生活垃圾焚烧发电项目选址要求严格，需符合当地城乡总体规划、环境保护规划和环境卫生专项规划，符合当地的大气污染防治、水资源保护、自然保护等要求，并同时还需考虑地质、交通、水电及周边环境敏感区域（人口稠密区、风景名胜）等因素。为确定最合适的项目选址，自 2014 年以来，乐山市城管、环保、国土、住房和城乡建设、规划等部门以及项目设计等单位对本项目的初选场址进行多次现场踏勘，先后否定了多个选址方案。筛选之后，初步确定了市中区临江镇游坝村、市中区迎阳乡迎阳村、五通桥区新云乡农乐村及市中区凌云乡凌云村 4 个备选场址。经设计单位和各部门多次讨论比选，综合敏感目标、地质条件、土地资源、基础设施、交通运输和基建投资等方面因素，最终确定迎阳村场址为本项目建设地。尽管该地址在交通运输、基础设施配套以及经济上并非最优或次优选择，但该地址对城市及场址周边居民的潜在影响最小，有利于项目安全、稳定地运行。

同时，考虑到项目的环境敏感性，项目实施机构自 2016 年以来，就本项目环境影响相关事宜进行了充分公示。在项目推进的过程中，也把群众沟通工作放在优先位置。项目的科学论证、公开透明、充分沟通，为项目取得公众支持奠定了良好基础，同时也为后期项目顺利开展提供了重要保障。

（2）构建全方位监管体系

本项目在监管体系、监管内容和监管方法方面进行了精心设计，建立了包括“项目公司—实施机构—环境执法部门—第三方专业机构—社会公众”在内的全面监管体系。在监管内容上更重视对可监测的、可量化的、环境影响大的运行指标或污染物因子的监控。在监控方法上，重视发挥项目公司的作用，建立监测结果报送机制，让监管活动成为项目公司重要的管理制度和自查活动，从而使得项目公司从单纯的“被监管对象”转变为监管活动的主动参与者。全面监管体系的构建有助于激发社会资本方的主观能动性，不断提升项目运营管理水平，使得项目“效果”和“效率”双丰收。

（3）多举措抑制低价夺标，综合评判择优选择社会资本

垃圾处理是环境保护公共服务的主要领域之一。经过近几年的发展，

在垃圾处理行业 PPP 模式应用较为广泛。但近年来，随着新进入者不断涌现和行业竞争的加剧，低价中标，甚至是恶意低价抢标的现象频频发生，给行业的长远发展带来诸多隐患。

为保障项目顺利实施和长期稳定运行，在项目采购过程中，乐山市政府及实施机构始终坚持“择优”理念，摒弃“低价中标”，在项目招标前后采取了多项措施：例如，在综合评审中的报价得分权重设定为10%，通过降低报价得分的权重，抑制投标人恶意低价的行为；提高技术文件的分值和准备要求，引导投标人重视技术文件的准备，要求投标文件各部分的内在逻辑和关联要充分体现，技术文件中的投资额估算、收益与成本估算必须能支撑其财务方案和投标报价，若出现内在逻辑的脱节，将被扣分。为防止“恶意低价”，还设定了一个限定值和一个警告阈值：第一，在征询技术专家和设计单位意见的基础上，设置红线内投资额的最低限值，低于 2.91 亿元的投标文件将被视为无效；第二，鉴于当前政府采购及招投标政策不允许就投标报价设定下限，招标文件中只设定了报价的警告值，即当某投标人的报价低于平均报价的 20%时，评审专家可要求投标人就其报价的合理性进行说明，再由专家评判该投标是否属于恶意低价。

上述措施有效防止了恶意低价现象的出现。从评审结果看，投标人有效报价偏离控制在 20%以内，且在考虑到投标人对预期收益的差异后，有效报价基本处于同一档次。设置合理的报价条件，为选择优质社会资本方、保障项目全生命周期的稳定运作提供了重要保障。

（4）为远期静脉产业园预留接口，让项目更加“物有所值”

考虑到城市垃圾处理日趋精细化，本项目的所在地未来可能规划建设循环经济产业园，因此建设方案必须充分考虑未来的建设需求。本项目在招标文件中不但明确要求投标人必须统筹考虑本项目与周边产业园的协同规划问题，在技术文件中提供静脉产业园的平面规划，而且对于厂内设施要考虑未来与餐厨垃圾、污泥等处理设施的衔接，从而提高土地的集约利用方式及能源的综合利用效率。

立足单一项目的建设需求，着眼未来园区的长远发展，既可以提高土地和资金的使用效率，又可以减少规划项目的重复建设；从全生命周期看，使得本项目更加“物有所值”。截至 2017 年 12 月底，项目静脉产业园其他项目（餐厨垃圾、污泥处理等设施建设）的设计工作已经陆续开展。

6.1.3 实施成效

（1）经济效益

乐山市现有垃圾处理设施，除五通桥垃圾处理厂采用简易焚烧之外，其余均为卫生填埋工艺，处理手段较为落后，大量占用土地，资源化程度低，由于长期超负荷处理，还存在地下水污染隐患。本项目的实施，大大提高了土地资源的使用效率；同时垃圾焚烧的余热用于发电，每年可贡献 1 315 万 kW·h 的电量，年售电收入可超过 6 700 万元；厂区生活污水及垃圾渗滤液经处理后用于场内生产、绿化等，不对外排放，极大提高了乐山市垃圾处理的无害化和资源化程度。

（2）社会效益

乐山市是国家园林城市、国家水生态文明建设试点市，也是全国闻名的旅游胜地，定位于打造国际知名的旅游城市。乐山市现有凌云垃圾填埋五通桥区垃圾处理、沙湾区垃圾填埋场、峨眉山市垃圾填埋场、夹江县垃圾填埋场、犍为县垃圾填埋场 6 座垃圾处理设施。负责收纳市中心城区生活垃圾的凌云垃圾卫生填埋场设计日处理能力为 328 t，目前实际处理规模已大大超过设计处理能力，填埋场几近饱和。其他垃圾填埋场的日实际处理量均超过设计处理能力，短期内即将满容。妥善处理日益增长的城镇垃圾已成为市、区、县各级政府的当务之急。本项目实施完成后，可以有效缓解城市和人口增长带来的“垃圾围城”的困境。本项目采用先进的焚烧技术，配套新建处理能力为 300 t/d 的渗滤液处理车间，烟气排放要求高于欧盟 2000 标准，污水在场内处理后循环利用、不外排，可避免生活垃圾产生二次污染，社会效益和环境效益突出。因此，本项目的建设实施对打造良好的城市环境、提高乐山城市建设具有重要的现实意义。

（3）产业效益

对乐山市而言，本项目可大大提高本市环卫工作的现代化水平和城市基础设施的管理水平。乐山市原有垃圾处理设施技术水平较低，且市区及周边各县各自处理垃圾，总体来看，垃圾处理设施规模小、管理水平参差不齐。本项目采用 PPP 模式，通过引入国内优秀的投资运营商，在提升本市垃圾处理技术的同时还可引进垃圾处理设施运营的丰富经验。另外，项目建成后，将作为峨眉山市的备用垃圾处理设施，同时负责乐山市市中区、五通桥区、井研县等范围内生活垃圾的集中处理，从而建立“村收集、镇运输、县（市）处理”的垃圾收集处理模式，成为城市重大基础设施共建共享的重要手段，极大提高基础设施的利用效率。

6.2 环卫一体化

河北省沧州市河间市环卫服务市场化项目属于市政工程——垃圾处理行业，已列入第三批国家级示范项目名单。项目一期服务区域为市区和市区周围 43 个村庄，业务内容包括 419.3 万 m^2 的道路清扫保洁和市区周边 43 个村庄的道路清扫保洁，146 t/d 生活垃圾的收运，21 座公共厕所的管理和保洁以及粪便抽运，13 座垃圾中转站的运营管理。

6.2.1 项目概况

河间市地处华北平原腹地，属河北省沧州市管辖。居京（北京）、津（天津）、石（石家庄）三角中心，属环渤海经济区，距北京 189 km，距天津 183 km，距石家庄 176 km。东与沧县、青县接壤，北与大城县、任丘市交界，西与肃宁县、高阳县相邻，南与献县相连。距离雄安新区核心区域仅 50 km，未来的经济发展不可限量。河间市古城历史悠久、人杰地灵、名家辈出，定位为“历史古城、文化名城、北方水城和现代化中等城市”。

随着河间市委、市政府不断加大环境卫生事业的投入力度，城市市容市貌也得到显著改善。面对京津冀协同发展的新机遇，河间市城市发展将进入高速发展阶段。作为城市公共服务的环境卫生事业面临着诸多的挑战。面对新形势，河间市委、市政府积极响应国家政策，鼓励社会资本积极参与公共服务供给项目。项目基本信息见表 6-2。

表 6-2 项目基本信息

项目名称	河北省沧州市河间市环卫服务市场化项目
项目类型	存量+新建
所属行业	市政工程——垃圾处理
合作内容	1. 总投资：79 404 万元。 2. 建设内容：河间市现有垃圾中转站的基础设施改造和除臭系统建设以及公厕改造。 存量项目：河间市第一垃圾处理厂，按功能分为管理区、填埋区、堆土区三部分，占地总面积 11.07 hm^2，投资额 3 405.52 万元，总库容 85.4 万 m^3，设计日处理垃圾 160 t，渗滤液处理规模为 50 t/d，政府通过采用 TOT 等方式将其特许经营权转让给项目公司，转让价格为 2 310 万元。

合作内容	改、扩建项目：河间市现有垃圾中转站的基础设施改造、除臭系统建设、公厕改造等。改、扩建项目总投资 990 万元，其中改、扩建投资 440 万元，原有设备租赁 550 万元。 新建项目：当第一垃圾处理厂不能满足需要时适时启动第二垃圾处理厂建设，第二垃圾处理厂预计设计日处理量 350 t，填埋库容 250 万 m^3，具体投资规模、设计标准、工艺选择将另行协商，未来通过签订补充协议的方式予以约定。 3. 运营服务范围：约定范围内的主次干道、慢车道、辅道、道路绿化隔离带和广场绿地等的清扫保洁，生活垃圾收运处理，公厕的运营管理及粪便抽运等。 4. 产出标准：满足《生活垃圾填埋场污染控制标准》（GB 16889—2008）要求
合作期限	本项目特许经营期为 25 年
运作方式	TOT＋ROT＋BOT
资产权属	河间市人民政府授予项目公司特许经营权。合作期内，项目公司拥有项目资产所有权。合作期满，项目公司无偿移交项目所有资产及附属设施的所有权至河间市城市管理局
回报机制	政府付费
实施机构	河间市城市管理局（以下简称“市城管局”）
采购方式	竞争性磋商
中选社会资本	北控水务（中国）投资有限公司，国有企业
签约日期	2016 年 9 月 19 日
项目公司设立概况	项目公司名称：北控（沧州河间）环境服务有限公司 设立时间：2016 年 9 月 30 日 股权结构：注册资本 2 300 万元，由北控水务 100%出资
主要贷款机构	北控水务向中国农业银行贷款 2 145 万元，期限 5 年，综合成本为基准利率下浮 4%

6.2.2 项目亮点

本项目合理界定了项目有效边界，有效安排了原有资产设施，构建了绩效考核体系，严格筛选了潜在投资人，最终引进具有技术专业特长和运作效率优势的社会资本方，提供城乡一体化环卫服务。项目落地后，通过社会资本投资增配，运用企业先进管理经验，优化作业调度，提高作业水平，在短时间内使河间市城乡环卫水平得到明显提升，且成效显著。在项目实施的过程中展现出一些亮点，主要体现在以下几个方面：

（1）转变服务供给方式，提高服务质量与运营效率

本项目采用环卫一体化 PPP 模式，市区环卫部门不再保留环卫作业队伍，环卫部门的职能转变为研究环境卫生行业发展规划，监督考核 PPP 项目企业，引用新科技、新产品，不断推动环卫事业健康发展等。通过市场竞争机制引入社会资本方，充分发挥社会资本方的专业优势，利用其融资、专业、技术和管理优势，实现资源的优化配置；通过绩效考核与政府付费相挂钩的方式，实现政府对社会资本方提供环卫市场化服务的全过程监管，并突出以合理的风险分担为导向，建立一套高效有序、权责分明的绩效评价和考核机制。

为确保本项目环卫市场化的作业符合预期要求、达到“美丽乡村”建设标准，河间市专门研究制定了《河间市环卫市场化作业要求》《河间市环境卫生作业考核评分标准（试行）》，为本项目的绩效考核提供了参考依据。本项目按照河间市颁布相关规定要求及标准执行，由河间市城管局负责对市场化作业道路日常清扫保洁工作进行监督管理，采取每天巡查、每周抽查、社会监督等相结合的检查方式，通过百分制考评办法，监督考核项目公司的运营管理。若有考核不达标情况，将采取相应的惩罚措施，并责令项目公司予以整改。

（2）平稳引进企业管理，提高运营管理水平

环卫人员的安置是本项目运作的关键问题，本项目按照“以人为本，平稳交接”的基本原则，最终确定了以下职工的安置方法。对于在岗正式职工，采取自愿原则，一是可以选择继续留在原单位，或者由政府进行内部分流；二是可以选择转换身份，到项目公司工作。对于临聘工作人员，项目公司必须按照合同约定标准对河间市城管局环卫处自愿进入项目公司的现有人员进行全员接收，签订劳动合同，并保证其工资福利水平不低于有关标准，且 3 年内项目公司主动辞退原环卫处工人的数量不得高于接收总人数的 30%。

本项目考虑到县级环卫从业人员普遍存在年龄老化、知识层次不高等问题，决定由项目公司进行严格管理，实行标准化、规范化作业，明确工作时间和标准，对员工进行岗前技能培训，进而实现员工个人待遇大幅提高和人员管理制度化的目标，促使环卫作业水平显著提升。

特别是，本项目引入智慧平台，实现了对环卫服务的科学调度，在县级环卫工作中引入智慧平台，依托物联网技术和移动互联网技术，对环卫管理所涉及的人、车、物、事进行全过程实时管理，实现了环卫服务体系的智能化、精细化、高效化的目标，消除城市管理“盲点”，提高了对城市环境卫生问题的应急响应能力，使其能够有效应对各类突发事件，从而进一步提高全市环卫业务的综合管理水平。

（3）有效盘活现有环卫资产，减缓政府投资压力

在采用 PPP 模式前河间市的环卫资产按种类可分为车辆、垃圾中转站、公厕、果皮箱、垃圾收集桶等。随着环卫服务市场化的开展，项目公司可通过购买获得、有偿使用（租赁使用）、无偿使用三种方式获得这部分环卫资产，具体分以下情况实施：

将车辆租赁给项目公司有偿使用，并于期初一次性支付租金。租赁

期限为 20 年（受法律保护的最高租赁年限），到期后续租 5 年，其间每年年底对车辆进行盘点，部分车辆若需报废处理，则由环卫处负责办理资产报废相关手续。垃圾中转站和公厕资产由政府无偿提供给项目公司使用，项目公司负责按照有关标准对垃圾中转站和公厕进行运营维护。果皮箱与垃圾收集桶等低值易耗品无偿提供给项目公司使用，项目公司根据实际需求和有关标准负责对上述低值易耗品进行添置、更新和维护。对场地（车库）的使用则由项目公司根据自身的意愿和实际需求，与城管局协商租赁现有场地。

6.2.3 实施成效

本项目在采取 PPP 模式之前，由政府直接控制的事业单位进行项目实施。采取环卫服务市场化后，政企分离，通过市场化竞争，政府授予项目公司特许经营权，由项目公司提供运营管理，政府部门全程监督，共同推进城乡环卫市场化服务。

（1）推进美丽乡村建设，打造环卫产业链，实现城乡环卫一体化

本项目覆盖了河间市大部分的环卫服务，能够大幅提升当地整体的环境卫生状况，实现全面推进城乡环卫一体化改革，加快推进农村地区垃圾治理，为更加有序开展河北省美丽乡村建设工作打下坚实基础。从产业链角度来看，本项目进行“收、运、处”一体化管理，实现了前端的道路清扫保洁、中端的垃圾收运以及末端的垃圾处理与资源回收再利用的目标；建立完善的生活垃圾收集、运输和处理一体化管理体系，实现了城乡生活垃圾处理无害化、资源化、减量化的目标，全力打造整洁优美、和谐宜居的城乡人居环境。从城市区域管理角度来看，本项目最终实现了环卫城乡一体化的服务目标，加快了农村地区垃圾治理，有效推进了美丽乡村建设进程。从环卫资产角度来看，本项目实现了环卫资

产统一管理运营的目标，包括环卫作业车辆、中转机械等设施设备以及环卫作业人员的一体化管理。

（2）提升整体环卫服务质量，实现项目物有所值

本项目秉持物有所值的运作理念，在实行环卫 PPP 模式后，河间市将过去由社会企业承包管理的水域卫生、无人管理的“三无小区”以及城中村的卫生管理分配到各区 PPP 项目作业小组，由 PPP 项目公司统一管理，实现了陆地、水域卫生管理全覆盖的目标，真正做到卫生管理无缝隙、无盲点。政府通过绩效考核结果向项目公司支付服务费用，保证项目公司在获得稳定收益的同时，百姓也可获得高品质的公共服务，真正实现物有所值甚至物超所值的目标。

（3）突破传统环卫管理模式，改善居民生活环境

本项目构建的可持续的机械化、环保化、智能化的环卫服务运营系统，突破了传统的城管环卫的管理模式，在落地后短期内即可取得明显成效。道路和公共场所清扫保洁工作取得重大成效，漂浮垃圾、尘土明显减少，路面洁净。环卫设施设备的有效管理使得城市建设井然有序。公司健全的监督机制促进了环卫工作在改革中不断发展、完善。对作业人员进行技能培训，进一步改善环境卫生状况，提高工作效率。垃圾、粪便处理逐步朝无害化、减量化、资源化方向发展。PPP 项目的运作不仅仅保障了城市重大活动期间的环境卫生工作，更提升了河间市整体卫生环境面貌，为当地部分小区居民解决了多年来垃圾成堆、臭味扰民的顽疾，打造了整洁宜居、群众认可的生活环境。

6.3 水环境综合整治

贵州省贵阳市南明河水环境综合整治二期 PPP 项目属于市政工程——污水处理行业，已纳入第一批国家级示范项目名单。南明河二期

工程分为两个大项目，共 23 个子项目。第一类是污水处理厂及污泥尝试处理工程，共包括 8 个子项目，第二类是河道综合整治工程，共包括南明河二期干流及支流需整治、截污的河道，共计 15 个子项目。

6.3.1 项目概况

南明河是贵阳市的“母亲河”，源于贵州省安顺市平坝区，属长江水系、乌江支流，全长 118 km，其中在贵阳市境内有 100 km，城区段长 36.4 km，分别接纳麻堤河、小车河、市西河等 5 条支流，流域面积 6 600 km^2，位于长江上游生态敏感区，是贵阳市工业、生活和农业灌溉的主要水源，也是重要的行洪通道。贵阳市城镇化起步较晚，从 2004 年开始进入高速发展阶段，仅从 2004 年到 2012 年实现 GDP 增长超过 4 倍。随着经济的快速发展，南明河沿河 200 多家工业企业废水及生活污水每天向河中大量排放，河水逐渐变差、变黑、变臭，南明河及上游市西河等支流水质变成劣Ⅴ类，河水丧失自然净化能力。南明河的污染情况已经严重影响了当地居民的正常生活，与贵州省创建全国生态文明先行示范区、“爽爽贵阳”的城市定位不符。贵阳市政府采用 PPP 模式先行先试治理南明河。通过公开招标方式，引入具有技术、资金实力、社会责任感强的社会资本方，让专业人干专业事，即负责项目规划设计、投融资、建设及运营管理的全过程。项目基本信息见表 6-3。

表 6-3 项目基本信息

项目名称	贵州省贵阳市南明河水环境综合整治二期 PPP 项目
项目类型	新建+存量
所属行业	市政工程——污水处理

合作内容	总投资：20.27 亿元。 新建项目 1. 建设内容：新建新庄二期、花溪二期等 5 座污水处理厂（处理能力共 34.5 万 m^3/d）及配套管网，新建污泥资源化处置能力为 500 t/d，从源头控制水质，对市西河、贯城河等支流进行截污系统完善和生态修复，对南明河干流实行截污系统完善和生态修复。 2. 产出标准：实现南明河干、支流水质及感官效果进一步提升的目标，南明河流域污水处理率不低于 95%，出厂水 COD、氨氮达到Ⅳ类水体，其余指标按一级 A 标准执行，河道补水约 30 万 t/d，中水回用约 20 万 t/d，增加服务面积约 90 km^2，完善及新建管网 65.5 km，南明河干流及五条支流 65%的检测断面主要指标（$BOD_5 \leqslant 10$ mg/L；COD≤40 mg/L；NH_3-N≤5 mg/L）满足河道观赏性景观环境用水标准。 3. 运营服务范围及标准： ①污水处理厂 服务标准：出水标准达到《城镇污水处理厂污染物排放标准》（GB 18918—2002）一级 A 标准。 服务范围：新庄污水处理厂二期，主要包括老城区、二环四路城市带 8 个功能板块及新天片区城区，服务流域面积约 158 km^2。三桥污水处理厂服务市西河流域范围三桥马王庙片区。孟关污水处理厂服务贵阳市孟关片区。花溪污水处理厂二期，主要包括花溪镇南、花溪镇北、养牛、洛平、小黄河南部、奶年场、洛平片区。 ②污泥深度处理中心 服务范围：贵阳市辖区范围内（不含开阳县、息烽县、修文县、清镇市）的污水处理厂。 服务标准：泥饼含水率应不小于 60%，处理后污泥达到住房和城乡建设部《城镇污水处理厂污泥处置—混合填埋泥质》（CJ/T 249—2007）标准。 ③河道综合整治 服务范围：管理范围内的堤防护岸维护、沿河截污沟维护、河道清淤或河床疏浚、水域保洁、沿岸绿化维护及河岸的相关附属设施维护。 服务标准：符合合同要求的详细标准。 存量项目： 已建成的 1 座新庄污泥干化中心，处理能力 200 t/d。 服务范围：贵阳市辖区范围内（不含开阳县、息烽县、修文县、清镇市）的污水处理厂。 服务标准：泥饼含水率应不小于 60%，处理后污泥达到住房和城乡建设部《城镇污水处理厂污泥处置—混合填埋泥质》（CJ/T 249—2007）标准

合作期限	污水处理厂及污泥处理中心特许经营期为30年（不含建设期），河道运营期为10年（不含建设期）
运作方式	BOT，TOT
项目资产权属	合作期限内，项目资产归政府拥有，中选社会资本拥有污水处理厂和污泥处置及资源化中心的特许经营权以及河道的运营权，项目建设用地由中选社会资本无偿使用
回报机制	政府付费
实施机构	贵阳市水务局（职能由城市管理局划转到水务局）
采购方式	公开招标
政府出资方	无
中选社会资本	中国水环境集团有限公司（原"中信水务产业基金管理有限公司"）旗下贵州筑信水务环境产业有限公司
签约日期	2014年11月21日
项目公司设立概况	本项目未再另行设立项目公司，由中选社会资本直接负责项目推进实施。 公司名称：贵州筑信水务环境产业有限公司 设立时间：2013年1月30日 股权结构：社会资本持股100%
主要贷款机构	中国银行贵州省分行和交通银行贵州省分行

6.3.2 项目亮点

（1）先行先试，国内较早按照按效付费原则实施的PPP项目

本项目相关工作开展较早，在国家层面尚未出台PPP操作指南等一系列相关文件之前，就率先谋划组织开展项目的相关流程，并于2014年9月完成了社会资本招标的评标工作。实施机构聘请上海济邦咨询作为咨询顾问，因为在项目运作伊始，政府和咨询机构都依循PPP的本质和原理，从绩效导向、合作双赢、风险分配等角度合理设计项目结构和设置交易条件，最终实现了PPP模式的初衷。在项目付费环节采用"河

道建设服务费+河道运营服务费”的付费模式。这种付费模式在随后的安徽省安庆市外环北路PPP项目上被进一步借鉴运用，并从此在国内被明确为“可用性付费+绩效服务费”的付费模式。

（2）整体规划，分期实施，根据治理成效制定下阶段技术方案

流域治理系统复杂、周期长、投资大，政府和社会资本双方以治理成效为导向，整体规划，分期实施，以区域和流域的环境承载力为基础，项目实施根据上一阶段的治理成效，经国家、省、市水环境专家，以及政府有关部门和公众的充分论证之后，确定下一期的治理目标和治理方案，然后再行实施。此模式每一阶段政府监管可控，确保治理的科学性和有效性。

（3）动态调整付费依据，激励和控制双管齐下

目前，PPP项目普遍在项目前期就已确定运营服务费的付费金额，而本项目以上一年政府成本监审后确定的河道服务费成本作为下一年付费的依据。动态调整付费依据的模式，一方面有利于鼓励社会资本在当年通过提高效率节约成本，保证项目实施在符合绩效考核要求的前提下获得合理利润；另一方面，这种利润也不是无条件持续的，政府会根据当年的成本监审调整下一年的付费依据，社会资本需持续地通过创新、优化管理、提高效率等方式才能获得合理的利润。

（4）推动政府职能转变，重视项目组织保障

贵阳市政府简政放权，激发市场主体活力，切实推动公用事业领域政府管理方式变革，解决市场参与公开与透明的问题，市政府彻底改变过去大包大揽、承担主体角色的做法，打破“条块分割、多头治水”的传统治理模式，政府转变观念，从重投资、重建设到重购买服务和重过程监管。市政府对本项目高度重视，成立以分管副市长为指挥长、相关部门行政一把手任副指挥长的“南明河水环境综合整治指挥部”，集中

办公，简化办事程序，大大提升了工作效率和服务质量，为项目的顺利实施、推进提供了坚实的组织保障，在早期 PPP 项目的落地实施过程中起到了很重要的作用。

（5）践行政府和企业合作的核心原则，严格管控流程

政府方在项目公司中不参股，政府方负责土地、征拆、规划等配套政策支持，社会资本方发挥其专业化优势，并且作为终极责任人，为最后的治理成效负责。项目前期方案、可研、初设、施工图等全部经过政府各职能部门严格审批，在建设期，政府聘请第三方跟踪审计机构对工程质量、造价、进度等实施全过程监管，在运营期，政府根据相关合约进行全过程监管和绩效考核，将服务费支付数额与社会资本服务质量挂钩，并根据物价上涨指数，对服务的运营成本进行动态监审调整。政府实施全过程监管，明确风险分配和责任分担，践行了政府和企业合作的核心原则。

（6）清晰的投资交易结构是实施关键

通过对项目实施规模、合作期限及服务费支付数额等进行测算分析，多方比选之后，最终根据不同类型的子项目设置不同的回报机制，并配套中长期的财政规划安排，平衡项目投资及收益。通过清晰、合理的交易结构设计，为中长期支出安排提供财政保障，按市场原则合理平衡投资风险，最终顺利吸引社会资本参与本项目投资。本项目实施多年以来，虽经历政府换届，但政府方均按照 PPP 项目合同如期付费，充分体现了 PPP 模式的契约精神。

（7）公共服务有公众监督，PPP 成为“PPPP”

为长期持续监督项目运转，政府开通“12319”环保投诉平台，通过社会群众和新闻媒体进行 24 小时实时监督，督促项目公司提供优质公共服务，确保政府付费能够有效利用。即将开通公众微信号“守护南明河”，公众可通过其了解南明河治理的最新进展、进行环保投诉、加

入志愿者联盟等，呼吁更多的人参与南明河的保护。老百姓不仅是公共服务的受益者，也是环境治理的监督者，更应是爱护环境、保护环境的践行者，PPP（Public-Private-Partnership）应该再加一个 P（People），成为 PPPP（Public-Private-People-Partnership），使社会公众真正参与到 PPP 项目监督中，最终让老百姓享受到生态文明的成果。

6.3.3 实施成效

（1）经济效益

科学系统调研，技术创新，真正实现以流域为单元系统治理城市内河。由贵阳市政府发起，历时半年，多次组织市规划、环保、发改、国土、城管、财政、审计等部门及中国水环境集团、国内河道治理专家和专业技术团队，从项目的科学性、规划合理性、经济可行性、实施可操作性等多方面反复论证，对南明河流域干、支流共计 118.4 km 的污染源及臭气来源进行全面勘察，对沿河 33 个断面上万组水质、水量数据进行检测，对沿线生态状况进行深入调查分析，摸清南明河外源、内源污染，梳理出 13 个方面的污染成因，明确了治理思路和举措，提出以南明河整个流域为治理单元的技术方案，按照“流域统筹、系统治理、上下游共治”的原则，因地制宜地提出系统、科学的解决方案。

调整市政规划，分布式建厂，大大节省投资。贵阳市属喀斯特地貌，城市用水调度难，土地资源稀缺。贵阳市原先规划采用“大截排”规划方案，南明河下游建大型污水处理厂，上游、中游不建厂，其设计污水收集管径大、距离长，涉及大量拆迁及土地征收工作，工程投资较大。中国水环境集团采用“适度集中、就地处理、就近回用”的创新规划理念对原市政规划重新进行优化，在上游、中游增加了 12 座小型污水处理厂，在保证治理效果基础上，节省管网收集系统等建设、征地投资约

11 亿元，每年节省生态调水费用 1.58 亿元、节省调水补水的运行电费约 3 000 万元，专业性体现出巨大的经济效应。

技术创新、节约占地。引入中国水环境集团自主知识产权的“HELEME 生化处理系统”“全下沉式污水处理系统”等先进技术，青山、麻堤河污水处理厂等 4 座节省建设用地及卫生防护带用地共计 1 053 亩，并置换景观活水公园 2 座。青山污水处理厂水环境保护科普教育基地作为“生态文明贵阳国家论坛”永久会址，其周边土地大幅增值。

专业人干专业事，提高投资、运营效率。通过引入社会资本，系统谋划、统筹推进河道整治、污水处理及资源化利用等系统工程，以大厂为中心，合理配置邻近小厂资源，大大提高了投资、运营效率，降低了项目的全生命周期成本。在确保工程质量和安全的前提下，仅用 1 年时间完成了二期的投资任务，用 6 个月时间建成新庄污水处理厂二期及 9 km 配套管网，用 8 个月时间完成了青山、麻堤河污水处理厂的建设任务（常规工期需要 18 个月）。这对贵阳市如期创模成功和顺利通过节能减排考核发挥重要作用。

（2）环境效益

提升水环境质量，推动改变城市核心区生态环境。通过本项目实施，南明河流域污水处理率将提升至 95%以上，实现支、干流水质及感官效果进一步提升，劣Ⅴ类水质水体由原来的 51%下降到 7%，Ⅴ类水体占比提高至 26.8%，Ⅳ类水体占比提高至 31.6%，Ⅲ类水体占比提高至 35.6%，河道补水约 33 万 t/d，中水回用约 20 万 t/d，增加服务面积约 90 km^2，干流及 5 条支流 65%的检测断面主要指标满足河道观赏性景观环境用水标准，有效增加生态用水供给。南明河干流治理段水生动植物种群类型丰富，生物多样性指数、水生植物盖度、系统完整性显著提高，特别是沉水植物覆盖率由 15%提高至 73%，生态系统现状得到明显改善。

（3）社会效益

“污水河”变“景观河”，南明河成为贵阳市“城市名片”。南明河治理效果的优化和提升，给广大市民拓宽了城市休闲生活空间，南明河从避之远离的“污水河”变成提供城市生活便利的“景观河”。贵阳市以南明河生态带为主线，打造“一河、百山、千园”景观，带动了投资、文化旅游与经济发展，让老百姓真正享受了生态文明建设的成果。通过实施污水处理厂和污水收集管网的建设，贵阳市达到了国家环境保护模范城市的考核标准，顺利通过了国家专家组考核验收。南明河水环境综合整治项目在生态文明贵阳国际论坛 2015 年年会上得到了国内外专家学者的充分肯定，成为国内乃至国际城市采取 PPP 模式进行流域治理的成功典范。它真正实现了“少花钱、多办事、办好事”的目标（国际同样项目通常需要 6～8 年时间，多投资 3～4 倍），目前已有多地政府调研考察团前来贵阳参观学习先进经验，产生了广泛的国内影响。

流域治理“正反馈”地方立法，推动法规条例的修改和优化。2013 年 2 月，贵阳市人大常委会制定全国首部生态文明建设地方性法规——《贵阳市建设生态文明城市条例》，各项工作逐步步入法制轨道中。2016 年贵州省成为首批国家生态文明试验区，贵阳市奋力创建全国生态文明示范城市。在此背景下，虽然南明河水质及沿岸环境通过水环境综合整治已经有较大改善，但老百姓和政府对南明河治理后长治久清的管理目标提出更高要求。市人大已提出对现有生态法规条例，如《贵阳市南明河保护管理办法》等进行修改完善，以法治手段形成长效管理机制。“南明河模式”对于推动政府建设“法治”社会、形成正反馈改进机制、提升政府管理效率及公共服务供给质量是一次有益的尝试。

6.4 农村污水厂网一体化

福建龙岩市四个县（区）乡镇污水处理厂网一体化 PPP 项目属于市政工程——污水处理行业，已纳入第三批国家级示范项目名单。项目地点位于福建省龙岩市连城县、武平县、新罗区和永定区。共包含 4 个子项目，涉及龙岩市新罗区、永定区、连城县和武平县四个县的 31 个乡镇，总污水处理规模约 11 万 t/d，总配套管网总长约 190 km。

6.4.1 项目概况

龙岩市是全国著名的革命老区，是原中央苏区的重要组成部分，是全国仅有的赢得“红旗不倒”光荣赞誉的两个地区之一。本项目是福建省乡镇污水处理及再生利用设施建设“十二五”规划的重点项目，惠及民生，受益群众近百万。龙岩市新罗区、永定区、连城县、武平县的乡镇均没有配套的生活污水处理设施，相关生活污水直接排入水渠，导致溪流水质逐年恶化，老区人民的生活品质受到较大的影响，本项目的实施可以有效解决生活污水乱排的问题，改善老区人民的生活环境。项目基本信息见表 6-4。

表 6-4 项目基本信息

项目名称	福建龙岩市四个县（区）乡镇污水处理厂网一体化 PPP 项目
项目类型	新建
所属行业	污水处理及配套管网
合作内容	1.项目总投资 6.72 亿元。 2.建设内容：本项目将龙岩市新罗区、永定区、连城县和武平县等 4 个县（区）的乡镇污水处理厂及配套管网捆绑打包实施，共涉及 31 个乡镇，污水处理总规模约 11 万 t/d，配套管网总长约 190 km，项目投资总额约 6.72 亿元。其中：

合作内容	（1）龙岩市新罗区乡镇污水处理厂及配套管网项目包括龙岩市新罗区内岩山镇、大池镇、苏坂镇等 3 个乡镇新建污水处理厂及配套管网和白沙污水处理厂、雁石污水处理厂等两个已建污水处理厂的委托运营，新建污水处理厂处理规模约 2.45 万 t/d，配套管网总长约 10 km，已建污水处理厂处理规模约 4.6 t/d，总投资约为 0.84 亿元； （2）龙岩市永定区乡镇污水处理厂及配套管网项目包括龙岩市永定区内高头乡、湖坑镇、下洋镇、峰市镇、仙师镇、城郊镇、湖雷镇、抚市镇、龙潭镇、堂堡乡等 10 个乡镇新建污水处理厂及配套管网建设，污水处理厂的处理规模约 0.95 万 t/d，配套管网总长约 56 km，总投资约为 2.1 亿元； （3）连城县乡镇污水处理厂及配套管网项目包括连城县内朋口镇、庙前镇、曲溪乡、姑田镇、新泉镇、莒溪镇、文亨镇、宣和乡等 8 个乡镇的生活污水处理设施及其配套管网，污水处理厂的处理规模约 1.675 万 t/d，配套管网总长约 71 km，总投资约为 1.82 亿元； （4）武平县乡镇污水处理厂及配套管网项目包括武平县内桃溪镇、湘店乡、十方镇、岩前镇、中堡镇、中山镇、东留镇等 7 个乡镇的生活污水处理设施及其配套管网，污水处理厂的处理规模约 1.13 万 t/d，铺设配套污水管网总长 53 km，总投资约为 1.96 亿元。 3. 运营服务内容：在项目合作期内，由项目公司负责 31 个乡镇污水处理厂及配套管网的投资建设、运营及维护。 4. 产出标准：出水水质符合《城镇污水处理厂污染物排放标准》（GB 18918—2002）一级 B 标准和《福建省乡镇生活污水处理技术指南》相关要求，配套管网运营质量应符合 PPP 项目合同中设定的考核标准
合作期限	31 年（建设期 1 年，运营期为 30 年）
运作方式	BOT+O&M（委托运营，Operations & Maintenance）
回报机制	政府付费
实施机构	龙岩市新罗区住房和城乡规划建设局、龙岩市永定区住房和城乡规划建设局、连城县住房和城乡规划建设局和武平县住房和城乡规划建设局
采购方式	公开招标
中选社会资本	福建纳川管材科技股份有限公司、福建纳川基础设施建设有限公司与福建省广泽建设工程有限公司组成的联合体，中选社会资本为民营上市企业
签约日期	2016 年 4 月 28 日

项目公司设立概况	项目公司名称分别为：龙岩市河洛水环境发展有限公司、龙岩市永定区纳川水环境发展有限公司、龙岩市永定区纳川水环境发展有限公司、连城县城发水环境发展有限公司和武平县净源水环境有限公司 设立时间：2016 年 5 月 股权结构：项目公司注册资本金分别为 1 000 万元，其中福建纳川管材科技股份有限公司占 16%，福建纳川基础设施建设有限公司占 63.992%，福建省广泽建设工程有限公司占 0.008%，龙岩城发水环境有限公司占 20%
主要贷款机构	由福建省 PPP 引导基金提供贷款资金，本项目是福建省 PPP 引导基金对 PPP 项目提供的首笔债务融资贷款

6.4.2 项目亮点

（1）创新的交易结构设计

乡镇污水处理收费无操作基础，社会资本也无法直接向村民收取污水处理费，因此乡镇污水处理收费实行不了“使用者付费”的方式，只能通过“政府付费”使社会资本收回建设投资并获得合理回收。

首先，本项目的乡镇污水厂的处理量均较小，地理位置分散，项目的可变边际成本较大，无法发挥像城镇污水处理厂那样的大规模效益；其次，城镇污水收集有专用的管网收集，但乡镇污水收集存在村民漏排、偷排的情况；最后，城镇片区人口规模固定，城镇污水厂的处理量较易确定，但乡镇污水处理水量有较大的不确定性，目前本项目可行性研究报告中确定的处理水量和投资估算在后续均存在较大变化。

若本项目采用类似城镇排污费定价的做法，简单地将建设成本分摊到处理水价中则会引起以下问题：第一，造成污水处理单价较高，因为本项目每个乡镇的处理量比城镇污水处理厂的处理量小得多。第二，政府承担过多不必要风险，城镇污水处理厂均设置保底水量，由政府承担最低需求风险，若乡镇污水处理厂也设置保底水量，而实际进水量未达到设置保底水量，则可能造成社会资本的暴利。

因此，本项目设置了“可用性付费+绩效付费”的模式，实质上是将建设运营成本的构成要素进行分解，对建设投资和运营成本分别核算，建设投资通过后续财政审核确定，将运营成本分为可变成本和不可变成本，则可以避免上述将建设成本分摊水价的问题。

（2）厂网一体化的模式

相比城镇污水治理，管网对于乡镇污水治理更为重要，本项目通过厂网一体化来整合污水处理设施和配套管网，实现统一运营管理的目标。在绩效考核指标中将污水收集率的风险转移给社会资本，要求社会资本运营期的前 5 年污水收集率达到 60%，之后逐年提高 5%，直至污水收集率不低于 90%，防止乡镇污水处理设施“空运转”和“晒太阳”情形的发生，建立乡镇污水处理的长效运营机制。

（3）跨区域的行政协调问题

本项目涉及四个县（区），共涉及的部分多达 20 多个部门。在项目的前期准备过程中，涉及的部门太多，项目成果每一处的修改调整需征求 20 多个部门的同意，沟通协调成本巨大，可能导致项目无法正常推进甚至项目失败。为此，在启动前期，本项目就形成了二级的协调机制。第一级协调机制由龙岩市建设行政主管部门牵头，成员包括四个县（区）住建局和政府出资方——龙岩水环境公司。第二级协调机制是各个县（区）建立的协调机制，通过分管住建的副县（区）长作组长，成员包括各个县（区）住建局、财政局、发改局、国土局、法制办等部门。一、二级协调机制的联动解决了管理幅度过大、沟通成本过高的问题，为国内其他跨区域的 PPP 项目提供一种可借鉴的思路。

（4）灵活的绩效考核指标

乡镇污水处理设施边界条件相比城镇污水处理设施复杂。特别是本项目还属于厂网一体化项目，与城镇污水处理仅考核出水水质不同，本项目根据运营维护内容并结合农村污水治理特点，设计了污水收集率、人员情况、运行管理、管网管理、水质管理、设备管理、安全管理、形象管理等共计 9 个二级考核指标，基本上涵盖了农村污水处理的全部内容，包括“污水收集—管网维护—设备管理—人员管理—运行管理—出水水质”等在内的农村污水处理的全流程绩效考核，从污水收集、处理到排放均设置了考核指标。绩效指标设计的完整性和灵活性可确保项目实施的效果，可为后续乡镇污水的绩效指标设计提供参考借鉴。

（5）项目招标方式创新性

四个县（区）的项目单独运作，规模较小，较难引起社会资本的投资热情。但通过统一的政府出资人代表协调跨区域整合资源，将四个县（区）的项目统一对外进行招商，使得“小项目”变成了“大项目”，极大地提高了社会资本对本项目的响应热情，改变了乡镇污水处理市场“叫好不叫座”的窘境，同时通过整体捆绑招标也可降低项目的交易成本。捆绑招标最大难点在于四个县（区）相关部门的协调，各方对于招标文件确认、进度安排和合同谈判等环节均需达成一致方可推进，这样就导致本项目文件的每一处修改均需获得四方的确认，但从实践效果来看本项目的实施在一定程度上打破了行政垄断，为跨区域的统筹协调积累经验：建议后续可由市级政府统筹实施跨县（区）项目，对市级与县（区）的责任进行划分，以减少项目的协调沟通成本。

（6）按效付费保证运营质量

对于政府付费类项目来说，其设施可用性、使用量和绩效进行付费在《PPP 项目合同指南（试行）》中已经明确说明。基于项目设施的可用性付费的考核指标通常包括工期、安全、环保等建设指标，而没有与运营考核情况挂钩，一旦项目竣工验收，可用性付费应变成固定付费，则会导致以下问题：一是运营期运营情况的好坏无法形成对社会资本的约束力，特别是运营成本占比小的项目；二是对可用性的考核不单单考核工程的竣工验收情况，应该也包括运营期的设施可用性。因此，本项目将每期可用性付费的一定比例与绩效考核情况挂钩，严格按效付费，确保运营质量。

（7）灵活的股权融资方式

根据《关于调整和完善固定资产投资项目资本金制度的通知》（国发〔2015〕51 号）及金融机构债务的融资要求，本项目自有资本金比例设定为总投资额的 30%，若项目公司的注册资本设定为总投资额的 30%，社会资本方将会承担更多的责任。本项目灵活地将注册资本设定为 1 000 万元，其余自有资本金通过资本金形式注入，增强股权融资的灵活性。

6.4.3 实施成效

本项目是财政部第三批示范项目之一，这是福建省首个采用乡镇污水处理厂网一体化的捆绑打包 PPP 项目，并在福建省内引起较好反响，为乡镇污水处理厂的投资、建设和运营、维护探索了一条新模式。

从合同签订至 2018 年年底，项目整体建设运行良好，除受到征地因素影响外，其他乡镇污水处理厂及配套管网的建设进度较快，其中部分乡镇污水处理厂已提前竣工验收，本项目的规划设计阶段与乡镇的周边环境进行充分融合，项目的建设与周边环境的整治结合起来，项目的实施改善了农村的生活环境，村民的环保意识有了显著提高，村民从最开始的排斥到后来的欢迎，正印证了本项目产生的社会效益和环境效益。

（1）经济效益

本项目采用PPP模式实施，通过竞争方式引入具有投资、运营、维护能力的社会资本来提升效率，依据绩效考核情况付费，提升公共服务的供给效率和质量。在传统政府投资模式下，项目的建设运营全部由政府实施，运行管理成本较难控制且实施效果不好，采用PPP模式后，项目的运行管理成本有了上限控制，并且可通过绩效考核（包括污水处理效益、污水收集率和管网维护等）来提高项目的实施效果。

（2）社会效益

本项目的实施为四个县（区）推动“美丽乡村”的建设提供强有力的保障，通过将污水收集率指标导入绩效考核标准来提高污水收集率，可确保项目实施的效果，本项目实施的31个乡镇污水处理厂遍布龙岩市汀江流域，项目的建成必将改善汀江流域的生态环境，同时为推动农村环境整治奠定基础。

（3）环境效益

本项目通过将管网延伸至村庄，设立集中污水处理厂的方式治理农村污水，大大改善了农村的生活居住环境。项目公司先进的运营维护管理经验，不但提高了项目的污水收集率，而且使得农村生活污水处理后排放，打破了农村污水处理设施“有人建，无人管”的窘境，解决了目前农村生活污水未经处理随意排入水域的问题，从而使农村周围水质得到改善，为有序和可持续建设美丽乡村创造有利条件。

（4）政府治理优化

本项目的实施有利于加快转变政府职能，让专业的人做专业的事，解决了原来乡镇污水处理的建设运营方和监管方都是政府的职能错位问题。本项目实施的效果得到财政部、福建省政府和龙岩市政府的高度关注，为政府部门如何治理农村污水打开了思路，为政策制定提供了实践经验。福建省住房和城乡建设厅、福建省财政厅发布的《鼓励社会资本投资乡镇及农村生活污水处理 PPP 工程包的实施方案》（闽建城〔2017〕2 号）中提到的农村生活污水处理采用 PPP 模式的实施流程，均借鉴了本项目的相关经验。

附 录

PPP 政策清单

序号	政策名称	文号	部门	主要内容
1	关于支持服务民营企业绿色发展的意见	环综合〔2019〕6 号	生态环境部 中华全国工商业联合会	鼓励民营企业积极参与污染防治攻坚战，帮助民营企业解决环境治理困难，提高绿色发展能力，营造公平竞争市场环境，提升服务保障水平，完善经济政策措施，形成支持服务民营企业绿色发展长效机制
2	关于加强金融服务民营企业的若干意见	/	中共中央办公厅 国务院办公厅	积极支持民营企业融资纾困，着力化解流动性风险并切实维护企业合法权益，从实际出发帮助遭遇风险事件的企业摆脱困境，加快清理拖欠民营企业账款，企业要主动创造有利于融资的条件
3	国务院办公厅关于全面开展工程建设项目审批制度改革的实施意见	国办发〔2019〕11 号	国务院办公厅	对工程建设项目审批制度实施全流程、全覆盖改革，压缩全国工程建设项目审批时间至 120 个工作日以内
4	关于深化增值税改革有关政策的公告	财政部 税务总局 海关总署公告 2019 年第 39 号	财政部 税务总局 海关总署	从 4 月 1 日起，我国制造业等行业增值税税率将由 16%降至 13%，交通运输业和建筑业等行业增值税税率将由 10%降至 9%
5	政府信息公开条例	国务院令第 711 号	国务院	国务院全面加大政府信息公开力度，要求积极扩大主动公开
6	关于做好 2019 年降成本重点工作的通知	发改运行〔2019〕819 号	国家发展改革委 工业和信息化部 财政部 人民银行	围绕继续推动大规模减税和降费、加大金融对实体经济的支持力度、持续降低制度性交易成本、明显降低企业社保缴费负担、继续降低用能用地成本、推进物流降本增效、提高资金周转效率、支持企业内部挖潜等

序号	政策名称	文号	部门	主要内容
7	关于加快推进房屋建筑和市政基础设施工程实行工程担保制度的指导意见	建市〔2019〕68号	住房和城乡建设部 国家发展和改革委员会 财政部 人力资源和社会保障部 中国人民银行 中国银行保险监督管理委员会	要求分类实施工程担保制度，推行工程保函代替保证金，并大力推行投标担保
8	加快推进社会信用体系建设构建以信用为基础的新型监管机制的指导意见	国办发〔2019〕35号	国务院办公厅	创新监管理念、监管制度和监管方式，建立健全贯穿市场主体全生命周期，衔接事前、事中、事后全监管环节的新型监管机制
9	关于开展财政支持深化民营和小微企业金融 服务综合改革试点城市工作的通知	财金〔2019〕62号	财政部 科技部 工业和信息化部 人民银行 银保监会	支持地方因地制宜打造各具特色的金融服务综合改革试点城市，探索改善民营和小微企业金融服务的有效模式，从2019年起，中央财政通过普惠金融发展专项资金每年安排约20亿元资金
10	关于促进政府采购公平竞争优化营商环境的通知	财库〔2019〕38号	财政部	全面清理政府采购领域妨碍公平竞争的规定和做法，重点清理和纠正包括以供应商的所有制形式等10个问题等，促进政府采购领域公平竞争、优化营商环境
11	关于印发实施更大规模减税降费后调整中央与地方收入划分改革推进方案的通知	国发〔2019〕21号	国务院	提出保持增值税“五五分享”比例稳定、调整完善增值税留抵退税分担机制和后移消费税征收环节并稳步下划地方三大举措，进一步理顺中央与地方财政分配关系

序号	政策名称	文号	部门	主要内容
12	优化营商环境条例	国务院令第722号	国务院	把优化营商环境纳入法治化轨道
13	关于加强固定资产投资项目资本金管理的通知	国发〔2019〕26号	国务院	适时调整项目最低资本金比例要求，同时明确了加强和改进项目资本金管理的一系列政策措施
14	关于营造更好发展环境 支持民营企业改革发展的意见	2019年12月4日	中共中央 国务院	提出一系列有分量的政策措施，力求为民营企业营造更好发展环境，这是立足于民营企业改革发展首个中央文件的总体定位
15	关于调整完善增值税留抵退税地方分担机制及预算管理有关事项的通知	财预〔2019〕205号	财政部 税务总局 人民银行	自2019年9月1日起，增值税留抵退税地方分担的50%部分，15%由企业所在地分担，35%由各地按增值税分享额占地方分享总额比重分担
16	关于创新重点领域投融资机制鼓励社会投资的指导意见	国发〔2014〕60号	国务院	在公共服务、资源环境、生态保护、基础设施等领域，积极推广PPP模式，创新投资运营机制，积极扩大社会资本投资途径
17	关于在公共服务领域推广政府和社会资本合作模式指导意见	国办发〔2015〕42号	财政部 国家发展改革委 人民银行	明确了能源、交通运输、水利、环境保护、农业、林业、科技、保障性安居工程、医疗、卫生、养老、教育、文化等公共服务领域推广PPP模式的工作要求
18	关于加快运用PPP模式盘活基础设施存量资产有关工作的通知	发改投资〔2017〕1266号	国家发展改革委	分类实施，规范有序盘活基础设施存量资产，对存量资产转让后回收的资金用途做明确规定
19	关于推广运用政府和社会资本合作模式有关问题的通知	财金〔2014〕76号	财政部	在城市供水、供暖、供气、污水和垃圾处理、保障性安居工程、地下综合管廊、轨道交通、医疗和养老服务设施等城市基础设施及公共服务领域开展项目示范工作

序号	政策名称	文号	部门	主要内容
20	关于推进政府和社会资本合作规范发展的实施意见	财金〔2019〕10号	财政部	财政支出责任占比超过5%的地区，不得新上政府付费项目。污水、垃圾处理等项目依照收支两条线管理、表现为政府付费形式的PPP项目除外
21	关于印发《政府会计准则第10号——政府和社会资本合作项目合同》的通知	财会〔2019〕23号	财政部	进一步明确PPP协议、支出责任的性质
22	关于印发污水处理和垃圾处理领域PPP项目合同示范文本的通知	财办金〔2020〕10号	财政部办公厅	规范污水处理和垃圾处理领域PPP项目运作，加强项目前期准备和合同管理工作
23	关于加快加强政府和社会资本合作（PPP）项目入库和储备管理工作的通知	财政企函〔2020〕1号	财政部政府和社会资本合作中心	要求提高政治站位，加快项目入库进度，发挥储备清单作用，抓好统筹平衡、突出重点、精准发力，开设绿色通道、急事急办、特事特办，坚持高质量发展标准，创新工作形式
24	政府和社会资本合作模式操作指南（试行）的通知	财金〔2014〕113号	财政部	对项目识别、准备、采购、执行、移交各环节操作流程进行了进一步规范
25	关于开展政府和社会资本合作的指导意见	发改投资〔2014〕2724号	国家发展改革委	明确PPP项目范围、操作模式、工作机制及政策保障
26	关于规范政府和社会资本合作合同管理工作的通知	财金〔2014〕156号	财政部	规范PPP合同管理，发布PPP项目合同管理指南
27	政府采购竞争性磋商采购方式管理暂行办法	财库〔2014〕214号	财政部	明确PPP模式采用竞争性磋商采购具体实施方法

序号	政策名称	文号	部门	主要内容
28	政府和社会资本合作项目政府采购管理办法	财库〔2014〕215 号	财政部	全面规范了 PPP 项目政府采购行为，并在政府采购的整体法律框架下，对采购方式、采购程序等进行了创新
29	政府和社会资本合作项目财政承受能力论证指引	财金〔2015〕21 号	财政部	包括财政承受能力论证的原则、责任识别、支出测算方法、能力评估、信息披露等，规范 PPP 项目财政管理
30	PPP 物有所值评价指引（试行）	财金〔2015〕167 号	财政部	包括总则、评价准备、定性评价、定量评价、评价报告和信息披露等，促进 PPP 物有所值评价工作规范有序开展
31	关于规范政府和社会资本合作（PPP）综合信息平台运行的通知	财金〔2015〕166 号	财政部	建设开发 PPP 综合信息平台，规范和推进 PPP 项目管理
32	政府和社会资本合作项目财政管理暂行办法	财金〔2016〕90 号	财政部	包括总则、项目识别论证、项目政府采购管理、项目财政预算管理、项目资产负债管理、监督管理等，规范财政部门履职行为，保障合作各方合法权益
33	传统基础设施领域实施政府和社会资本合作项目工作导则	发改投资〔2016〕2231 号	国家发展改革委	进一步规范传统基础设施领域 PPP 项目操作流程并明确了 PPP 的五种模式，鼓励社会资本方成立联合体投标并鼓励设立混合所有制项目公司
34	财政部政府和社会资本合作（PPP）专家库管理办法	财金〔2016〕144 号	财政部	规范 PPP 专家的遴选、入库及 PPP 专家库的组建、使用、管理活动
35	政府和社会资本合作（PPP）咨询机构库管理暂行办法	财金〔2017〕8 号	财政部	规范 PPP 咨询机构库的建立、维护与管理要求

序号	政策名称	文号	部门	主要内容
36	关于规范政府和社会资本合作（PPP）综合信息平台项目库管理的通知	财办金〔2017〕92号	财政部	对项目库实施分类管理，严格新项目入库标准，审慎开展政府付费项目，对不符合规定的项目清理出库，要求政府付费与项目绩效考核结果挂钩，建设成本中参与绩效考核的部分占比不得低于30%，强化PPP项目绩效管理
37	关于进一步加强政府和社会资本合作（PPP）示范项目规范管理的通知	财金〔2018〕54号	财政部	对核查存在问题的173个示范项目分类进行处置，并要求各地引以为戒，加强项目规范管理
38	关于进一步规范地方政府举债融资行为的通知	财预〔2017〕50号	财政部 国家发展改革委 司法部 人民银行 银监会 证监会	全面组织开展地方政府融资担保清理整改工作，切实加强融资平台公司融资管理，规范政府与社会资本方的合作行为，进一步健全规范的地方政府举债融资机制，建立跨部门联合监测和防控机制并大力推进信息公开
39	关于坚决制止地方以政府购买服务名义违法违规融资的通知	财预〔2017〕87号	财政部	明确政府购买服务的改革方向、实施范围、预算管理、信息公开等事项
40	关于加强中央企业PPP业务风险管控的通知	国资发财管〔2017〕192号	国务院国有资产监督管理委员会	从强化集团管控、严格准入条件、严格规模控制、优化合作安排、规范会计核算、严肃责任追究六方面来防范央企参与PPP的经营风险
41	关于规范金融企业对地方政府和国有企业投融资行为有关问题的通知	财金〔2018〕23号	财政部	进一步强调国有金融企业除购买地方政府债券外，不得直接或通过地方国有企事业单位等间接渠道为地方政府及其部门提供任何形式的融资；不得违规新增地方政府融资平台公司贷款；不得要求地方政府违法提供担保或承担偿债责任；不得提供债务性资金作为地方建设项目、政府和社会资本合作项目资本金

序号	政策名称	文号	部门	主要内容
42	关于规范金融机构资产管理业务的指导意见	银发〔2018〕106号	中国人民银行 中国银行保险监督管理委员会 国家外汇管理局	按照产品类型统一监管标准，从募集方式和投资性质两个维度对资产管理产品进行分类，分别统一投资范围、杠杆约束、信息披露等要求
43	关于完善市场约束机制严格防范外债风险和地方债务风险的通知	发改外资〔2018〕706号	国家发展改革委 财政部	从完善公司治理结构、强化信息披露、加强监管协作等方面，对下一阶段企业发行中长期外债工作进行了部署
44	关于推进政府和社会资本合作规范发展的实施意见	财金〔2019〕10号	财政部	财政支出责任占比超过5%的地区，不得新上政府付费项目。按照“实质重于形式”原则，污水、垃圾处理等依照“收支两条线”管理、表现为政府付费形式的PPP项目除外
45	关于推进开发性金融支持政府和社会资本合作有关工作的通知	发改投资〔2015〕445号	国家发展改革委 国家开发银行	推进开发性金融支持PPP有关工作的措施
46	关于推进传统基础设施领域政府和社会资本合作（PPP）项目资产证券化相关工作的通知	发改投资〔2016〕2698号	国家发展改革委 中国证监会	明确重点推动资产证券化的PPP项目范围
47	关于规范开展政府和社会资本合作项目资产证券化有关事宜的通知	财金〔2017〕55号	国家发展改革委 中国证监会	推进符合条件的PPP项目通过资产证券化方式实现市场化融资，提高资金使用效率，更好地支持传统基础设施项目建设

序号	政策名称	文号	部门	主要内容
48	政府和社会资本合作（PPP）项目专项债券发行指引	发改办财金〔2017〕730号	国家发展改革委办公厅	明确PPP专项债券适用范围和支持重点、发行条件、审核要求、信息披露和投资者保护
49	关于保险资金投资政府和社会资本合作项目有关事项的通知	保监发〔2017〕41号	中国保监会	支持保险资金通过基础设施投资计划，投资符合条件的PPP项目
50	地方政府土地储备专项债管理办法（试行）	财预〔2017〕62号	财政部 国土资源部	明确土地储备专项债发行要求与期限
51	关于保险业支持实体经济发展的指导意见	保监发〔2017〕42号	中国保监会	推动保险资金参与“一带一路”建设，推进参与PPP和重大工程
52	关于做好地方政府专项债券发行工作的意见	财库〔2018〕72号	财政部 中国人民银行 中国证监会	分类稳妥地推动PPP项目资产证券化，严格筛选开展资产证券化的PPP项目，完善PPP项目资产证券化工作程序，完善PPP项目资产证券化工作程序
53	关于保持基础设施领域补短板力度的指导意见	国办发〔2018〕101号	国务院办公厅	鼓励地方依法合规采用政府和社会资本合作等方式，撬动社会资本特别是民间投资投入补短板重大项目
54	关于印发“无废城市”建设试点工作方案的通知	国办发〔2018〕128号	国务院办公厅	依法合规探索采用第三方治理或PPP等模式，实现与社会资本风险共担、收益共享
55	关于进一步做好受污染耕地安全利用工作的通知	农办科〔2019〕13号	农业农村部办公厅 生态环境部办公厅	要充分发挥财政资金的引导功能，创新资金筹集方式，完善多元化投融资机制，因地制宜探索通过政府购买服务、第三方治理、PPP、事后补贴等形式，吸引社会资本主动投资参与耕地污染治理修复工作，建立健全耕地污染治理修复社会化服务体系

序号	政策名称	文号	部门	主要内容
56	城市管网及污水处理补助资金管理办法	财建〔2019〕288 号	财政部	根据绩效评价结果，对每批次综合评价排名靠前及应用 PPP 模式效果突出的，按照定额补助总额的 10%给予奖励
57	关于深入推进园区环境污染第三方治理的通知	发改办环资〔2019〕785 号	国家发展改革委办公厅　生态环境部办公厅	在京津冀及周边地区、长江经济带、粤港澳大湾区范围内的园区推行第三方治理
58	关于进一步深化生态环境监管服务推动经济高质量发展的意见	环综合〔2019〕74 号	生态环境部	进一步规范生态环境领域 PPP 项目的储备和建设，以中央环保投资项目储备库入库项目为重点强化对污染防治攻坚战任务的支撑，打破地域壁垒，清理招投标等环节设置的不合理限制，对各类企业主体公平对待、统一要求，防止不合理低价中标
59	京津冀及周边地区 2019-2020 年秋冬季大气污染综合治理攻坚行动方案	环大气〔2019〕88 号	生态环境部　发展改革委　工业和信息化部　公安部　财政部　住房和城乡建设部　交通运输部　商务部　市场监管总局　能源局　北京市人民政府　天津市人民政府　河北省人民政府　山西省人民政府　山东省人民政府	支持依法合规开展大气污染防治领域的 PPP 项目建设
60	关于深化农村公共基础设施管护体制改革的指导意见	发改农经〔2019〕1645 号	国家发展改革委　财政部	规范运用 PPP，努力开拓市场化筹资渠道。建立市场化专业化管护制度，对于农村公路、供水、垃圾污水处理等设施，可探索通过出让冠名权、广告权等方式，引入专业化企业进行管护

参考文献

[1] 余卫民. PPP 模式可持续发展问题研究[J]. 经济研究参考，2019（19）：117-128.

[2] 徐玉德，魏星宇，李化龙. 我国 PPP 发展制约因素分析与政策建议[J]. 地方财政研究，2019（4）：29-36，57.

[3] 赵娟. 精细化治理：PPP 发展新思路[J]. 领导科学，2019（10）：30-33.

[4] 逯元堂，高军，陈鹏. 落实《水污染防治行动计划》投融资思路与建议——对《水污染防治行动计划》的解读[J]. 环境保护科学，2015，41（3）：53-56.

[5] 陈鹏，逯元堂，吴舜泽，等. 水污染防治 PPP 要发挥财政引导作用[N]. 中国环境报，2015-05-21（002）.

[6] 逯元堂，吴舜泽，陈鹏，等. 突破制约瓶颈大力推进环保 PPP[N]. 中国环境报，2015-05-26（002）.

[7] 骆建华，马辉，范培培，等. 环境领域推行 PPP 制度的反思[J]. 环境保护，2019，47（20）：36-38.

[8] 逯元堂. 环境领域 PPP 模式：特点、影响及关注点[N]. 现代物流报，2015-10-25（B01）.

[9] 秦艺萍，谢珂. 绩效理论综述[J]. 经营管理者，2009（24）：176.

[10] 丛树海，周炜，于宁. 公共支出绩效评价指标体系的构建[J]. 财贸经济，2005（3）：37-41，97.

[11] 李明哲. 绩效评价及其政策选择[J]. 中国工程咨询，2011（10）：20-23.

[12] 世界银行. 绩效监测指标手册[M]. 1996：1.

[13] 余兰英，陆菊春. 流域治理项目效益综合评价研究[J]. 中国农村水利水电，2008（5）：115-117.

[14] 曾超. 佛山汾江河综合整治工程后评价研究[D]. 华中科技大学，2012.

[15] 吴阿娜，车越，杨凯，等. 城市内河综合整治效益的后评估方法及实证[J]. 水利学报，2005（9）：1088-1093.

[16] 吴新，李梅，庞金成，等. 渭、洛河下游近期治理工程项目后评价研究[J]. 西北农林科技大学学报（自然科学版），2005（9）：126-132.

[17] 朱旭萍，唐德善，廖昕宇. 成功度法在黑河调水及治理评价中的应用[J]. 人民长江，2007（4）：130-132.

[18] 王亚华，吴丹. 淮河流域水环境管理绩效动态评价[J]. 中国人口·资源与环境，2012（12）：32-38.

[19] 马涛，翁晨艳. 市水环境治理绩效评估的实证研究[J]. 生态经济，2011（6）：24-26，34

[20] 李传奇，李向富. 水源地保护环境绩效评估指标体系的构建[J]. 水利科技与经济，2010（9）：979-981.

[21] 逯元堂，徐顺青，赵云皓，等. 环保投资和环保产业的国民经济影响作用研究[J]. 环境保护科学，2016，42（6）：1-5.

[22] 逯元堂，宋玲玲，高军. PPP 模式下黑臭水体治理依效付费机制思路与框架设计[J]. 环境保护，2016，44（23）：35-37.

[23] 徐顺青，逯元堂，高军，等. 环境污染治理投资发展路径分析[J]. 生态经济，2017，33（2）：94-97.

[24] 宋玲玲，徐顺青，逯元堂，等. 政府付费类 PPP 项目的财务测算优化——基于投资现金流模型[J]. 会计之友，2018（22）：113-116.

[25] 逯元堂，王佳宁，赵云皓，等. 生态环境保护工程实施管理模式与财政资金使用优化[J]. 环境保护，2018，46（23）：37-40.

[26] 徐顺青，逯元堂，陈鹏，等. 我国环保投融资实践及发展趋势[J]. 生态经济，2020，36（1）：161-165.

[27] 陈鹏，逯元堂，陈海君，等. 我国环境保护投融资渠道研究[J]. 生态经济，2015，31

（7）：148-151.

[28] Asian Development Bank. Handbook for selecting performance indicators for ADB-funded projects in the PRC [R]. Beijing：ADB，2011.

[29] Asian Development Bank. Project Performance Management System，Bank Policies and Operational Procedures，Operations Manual [R/OL]. 2011. http：//www. adb. org/sites/default/files/OMJ01-28Oct2011. pdf.

[30] Asian Development Bank. Project Performance Management System，Guidelines on Preparing a Design and Monitoring Framework [M]. 2nd ed. ADB，2007.